PHYSICS AND CHEMISTRY
LAW
PRINCIPLE
FORMULA

「物理・化学」の
法則・原理・公式が まとめてわかる事典

SADAMI WAKUI
涌井貞美

Introduction

はじめに

　現代は科学が面白い時代です。

　19世紀、20世紀に築かれた基礎研究の成果が百花繚乱のごとく、さまざまな分野で花開いています。燃料電池で動く自動車、人と間違えてしまうほどのロボット、夏は涼しく冬は暖かい新素材繊維、会話もできる人工知能など、枚挙に暇がありません。

　さらに、それらは深く経済活動に結びつくため、広くマスコミで話題として取りあげられます。当然のごとく高度な科学用語が新聞紙面をにぎわしています。「レアアースは強い磁石には不可欠」「リニア中央新幹線は超伝導モーターを利用」「鉄よりも強い炭素繊維素材が自動車産業を変革」「高効率半導体レーザーが液晶ＴＶの消費電力を25％減」など、50年前には考えられない高度な科学知識を要するニュースが当たり前のように飛び交っています。

　このような時代にあって、知識に圧倒されず、情報に飲み込まれないためには、ある程度の科学リテラシーが必要となってきます。「こんな原理で動いているのか」「こんな仕組みで作られていたんだ」といった科学の大枠を捉えておくことが、ますます求められるのです。

　そういうと大変そうに見えるかも知れませんが、大枠を捉えるだけな

らば、それほど困難はありません。なぜなら、いま花開いているのは19〜20世紀の科学、すなわち高等学校で習う科学だからです。

　本書はその基礎部分を「法則・原理・公式」といった切り口からもう一度「おさらい」しています。それも、用語解説的な通りいっぺんの解説ではなく、多面的にくり返し説明するよう努めました。また、それらの法則・原理がどのようなところで利用されているかについても触れ、より具体的に理解できることを心がけています。

　21世紀の科学技術は、過去に人類の築いた法則や原理をもとに、これまで以上に加速度的に発展していくと思われます。その波におぼれないためには、科学の基礎知識とその理解は不可欠です。本書がその一助になれば幸いです。

　なお最後になりますが、本書の企画から最後まで御指導くださったベレ出版の坂東一郎氏、編集工房シラクサの畑中隆氏の両氏に、この場をお借りして感謝の意を表させていただきます。

2015年夏　著者

Contents

はじめに   002

序章　物理・化学の理解は「法則・原理・公式」から   008

第1章

小中学校で習ったキホン法則

§1　てこの原理   012
§2　摩擦の法則   016
§3　作用反作用の法則   020
§4　力のつり合いの法則   024
§5　滑車の原理   028
§6　パスカルの原理   032
§7　仕事の原理   036
§8　アルキメデスの原理   040
§9　フックの法則   044
§10　振り子の法則   048
§11　慣性の法則   052
§12　落下の法則   056
〔COLUMN〕パスカルの原理を体感   060

第2章

物理はモノの動きから理解

§13　ケプラーの法則   062
§14　万有引力の法則   066

§15	剛体に対する力のつり合いの法則	070
§16	運動の第二法則	074
§17	運動量保存の法則	080
§18	角運動量保存の法則	084
§19	力学的エネルギー保存の法則	088
§20	ガリレイの相対性原理	092
§21	コリオリの法則	096
§22	ベルヌーイの定理	100
§23	ドップラー効果	106
§24	波の重ね合わせの原理	112
§25	ホイヘンスの原理と反射の法則	116
§26	屈折の法則	120

〔COLUMN〕等加速度運動の公式の証明　126

第3章

「電気」を理解すれば技術のキホンがわかる

§27	クーロンの法則	128
§28	オームの法則	132
§29	近接作用の原理	136
§30	場の重ね合わせの原理	140
§31	ガウスの法則	144
§32	アンペールの法則	148
§33	ファラデーの電磁誘導の法則	152
§34	レンツの法則	156
§35	マクスウェルの方程式	160
§36	フレミングの法則	164

Contents

§37　ローレンツ力	168
§38　ジュールの法則	172
〔COLUMN〕家電で学ぶ電気と磁気	176

第4章

気体、液体、固体の様子を探る法則

§39　質量保存の法則	178
§40　定比例の法則と倍数比例の法則	182
§41　アボガドロの法則	186
§42　ボイルの法則とシャルルの法則	190
§43　ボイル・シャルルの法則	194
§44　理想気体の状態方程式	198
§45　ヘンリーの法則	202
§46　ファントホッフの浸透圧の法則	206
§47　質量作用の法則	210
§48　ラウールの法則と沸点上昇	214
§49　熱力学の第一法則	218
§50　熱力学の第二法則	222

第5章

化学反応を理解すれば
化学が好きになる！

§51　元素の周期律	228
§52　ボルタ列	232

§53	ファラデーの電気分解の法則	236
§54	ヘスの法則	240
§55	pH の計算原理	244
§56	ルシャトリエの平衡移動の原理	250
〔COLUMN〕モル濃度		254

第6章

量子の世界から相対性理論まで

§57	キュリー・ワイスの法則	256
§58	アインシュタインの光量子仮説	260
§59	超伝導と BCS 理論	264
§60	シュレディンガー方程式と不確定性原理	268
§61	パウリの排他原理	272
§62	フントの規則	276
§63	光速度不変の法則	280
§64	特殊相対性理論	284
§65	ローレンツ収縮と時間の遅れ	288
§66	質量増大の公式	294
§67	アインシュタインの公式 $E = mc^2$	298
§68	一般相対性理論	302
§69	ヘルツシュプルング = ラッセル図	306
§70	ハッブルの法則	310

索引 317

序章
──物理・化学の理解は「法則・原理・公式」から

　本書は「物理・化学」に関する著名な「法則・原理・公式」について、ギリシャのアルキメデスの時代から20世紀前半くらいまでを中心に解説しています。ですから、たとえ内容自体は忘れていたとしても、これらの法則・原理・公式の名称については何度か耳にした経験をお持ちのはずです。

　例えば「てこの原理」という言葉を聞くと、ほとんどの人はその内容以上に、小学校の頃の懐かしさを脳裏に浮かべるかもしれません。

●法則・原理・公式の違い
　数学や論理学の世界とは異なり、科学の世界では法則・原理・公式の言葉が厳密に使い分けられているわけではありません。といっても、次の（例）からも、その使い方の方向性を確認できます。

　（例）次の左の言葉に続く最適な文を右側から選びましょう。

　（1）宇宙の　　　　　　（ア）公式を説明します。
　（2）機械の　　　　　　（イ）原理を説明します。
　（3）解答の　　　　　　（ウ）法則を説明します。

　どの言葉が的確かは用いられるシチュエーションによって異なりますが、概ね次のような答が得られると思います。

　宇宙の　法則を説明します。
　機械の　原理を説明します。
　解答の　公式を説明します。

　これらの語感から確かめられるように、「法則」とは最も基本的な真

実を、「原理」とは物事の仕組みを、そして「公式」とは原理や法則から得られる典型的な帰結を表現する言葉です。これらの言葉に共通するのは、それらが関与する世界を基本からまとめ、代表しているという点です。

　周知のように、20世紀初頭までの物理や化学の分野に絞っても、幾万という知識が入り混じり、乱立しています。それらをまとめ、代表する法則・原理・公式を縦糸として理解しておくことは、知識が整理され、見通しが得られるという意味でも、たいへん合理的です。また、新たな知識に対してもその理解を容易にしてくれます。

■古典としての法則・原理・公式
　20世紀初頭までの科学史に残る法則・原理・公式は、現代から見るとそれにふさわしくはない場合が多々あります。最初に例示した「てこの原理」の場合も、現代的には「原理」と呼べるほどの基本的なものではありません。なぜなら、ニュートンの運動方程式から説明できてしまうからです。

　また、「1つの化合物の成分元素の質量比は常に一定である」という18世紀に発見された「定比例の法則」も、原子や分子が物質の基本単位であることが常識になっている現代では、「当たり前では？」と一蹴されてしまいそうです。

　しかし、歴史的に法則・原理・公式の称号を付けられたものは、その当時の英知を集約した革命的なものであることは確かです。「てこの原

理」も、それを意識しなければ様々な動力機械の発明には発展しません
でした。定比例の法則も、その発見があったればこそ、物質の基本単位
としての原子や分子の存在が確かめられたわけです。

　このような意味でも、科学史的に有名な法則・原理・公式をマスター
しておくことは、理系・文系にかかわらずとても重要なことです。もち
ろん、現代科学を理解するにも、20世紀初頭までの科学の英知は不可
欠なのです。

■現代は20世紀初頭の知識の収穫期

　現在、物理や化学は学問的な収穫期を迎えています。画期的な法則の
発明は少なくなり、過去の知識の応用が花を咲かせています。そこで、
あらためて20世紀初頭までの知識を集大成しておくことは大変有用で
す。本書を通して、現代と過去との接点を再確認してみましょう。

第1章
小中学校で習った キホン法則

PHYSICS AND CHEMISTRY
Law
Principle
Formula

§1

てこの原理

――小さな力を大きな力に変える仕組み、それが「てこ」の原理

「てこ」は漢字で「梃子」、または「梃」と書き、ふだん、あまり目にしない文字です。けれども、大昔からこの原理は日常の生活で人々がお世話になってきた大切な原理なのです。

力点・支点・作用点

最も単純な「てこ」を見てみましょう。それは1本の棒です。人が重い荷物を持ち上げるときに用います。一端に荷物を掛け、荷物に近いところに支えを置きます。そして、他端に人が力を加えます。すると、弱い力でも重い荷物を持ち上げられるのです。これが**てこの原理**です。1本の棒を便利な道具に変えてしまうのは感動ものです。

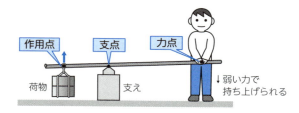

図を見てもわかるように、「てこの原理」では3つの点が重要です。力を加える点、支える点、そして加えた力が作用する点です。これらの点を順に**力点、支点、作用点**と呼びます。

てこの原理の具体的応用例

「てこの原理」はいたるところで利用されています。自転車を例にして、この原理が利用されている箇所を調べてみましょう。すぐに目につくのは、車輪の向きを変えるハンドル、自転車を止めるブレーキ、車輪

を回すときのペダルとギヤ。これらは皆、力点が支点から遠いところにあり、小さな力で大きな力を得ることができます。

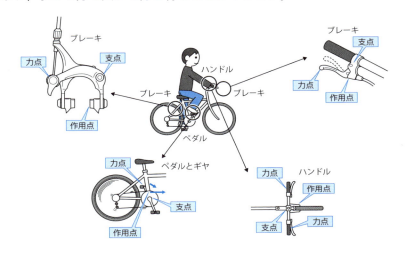

自転車のような大きな例をあげなくとも、身近な応用例がたくさんあります。例えば、文具のはさみ、缶のプルタブ、ドアのノブ、くぎ抜きなどです。

てこの原理の数学的表現

「てこの原理」を数学的に表現してみましょう。モノが動き出す前の状態においては、次の関係式が成立します。

力点、作用点にかかる力を順に F_1、F_2 とする。また、支点から力点、及び、支点から作用点までの距離を順に x_1、x_2 とする。このとき、

$$F_1 \times x_1 = F_2 \times x_2$$

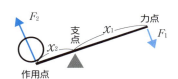

最近話題の「2重てこ」

　人気の文具があります。「てこ」の原理を2回利用して、より小さな力で、より多くの紙を綴じたり、より多くの紙に穴を空けたりできる文具です。文具メーカーは「2重てこ」と名づけていますが、その仕組みを次に示す穴あけ器で見てみましょう。

[2重てこ]

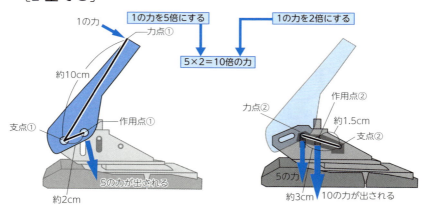

　左図は1段目の「てこ」。外側のレバーがその役割を果たす。「てこ」の原理から、力点1に加えられた1の力に対して、作用点1には約5の力が出される。右図に示す2段目の「てこ」は外側レバーの内側に隠れている。1段目の「てこ」の作用点が、2段目では力点2に変身している。この2段目の「てこ」では、「てこ」の原理から、力点2に加えられた力5に対して、作用点2には10の力が出される。こうして、最初の1の力は10倍に増加される。

経済学で利用される「てこの原理」

　「てこ」は英語でレバー（lever）。現代においては「てこ」よりも親しみが持てる言葉です。最近では、経済ニュースなどでも「レバレッジ」という言葉が多用されています。例えば、「金融庁主導によるFXの取引倍率（レバレッジ）規制は2011年8月から25倍以下に抑えることと定めている」などです。

　レバレッジとは「てこ」（レバー）の原理を利用した装置や仕組みを

いいますが、金融取引では小額で多額の売買が可能になる仕組みをそう呼んでいます。FXと呼ばれる外国為替取引（Foreign Exchange）で、その意味を調べてみましょう。

いま、1ドルを100円とします。このとき、100円で取引できるドルの額は1ドルです。しかし、金融庁の定める上限レバレッジ25倍を採用すると、100円で取引できる額は1ドル×25倍＝25ドルです。100円で25ドル、すなわち2500円分のドルを動かせるのです。いま、25万ドルを購入したとして、為替が1ドル100円から101円に変化したとしましょう。手持ちのドルは25万×101円＝2525万円になり、差額25万円の利益が得られることになります。1円の変化で25万円が手に入るわけです。1の力で25の力が得られる「てこ」と同じ仕組みです。「てこ」の原理は、このように抽象化された形で現代に活用されているのです。

(注) 1ドル100円としています。

金融取引で「てこの原理」（レバレッジ）とは、少ない手持ち資金で多額の取引ができる仕組みをいう。

問題にチャレンジ

〔問〕右の図のように、棒の右端に1の力を加えたとき、左端のモノにはどれぐらいの力が加わるでしょうか。

〔解〕力点にかける力1と支点から力点までの距離3の積は1×3＝3。作用点にかかる力Fと支点から作用点までの距離1の積は$F×1=F$。てこの原理からこれらが等しいので、$F=3$。(答)

§2

摩擦の法則
——ピラミッド造営の時代から研究されてきた大切な法則

　摩擦は最も身近な物理現象の一つです。私たちが道を歩くことができるのも、靴底と道の間に摩擦があるからです。ブレーキで自転車や自動車が止められるのもこの摩擦のおかげです。

摩擦の種類

　「摩擦」の「摩」の字も「擦」の字も「こする」の意味ですが、実際、摩擦はモノとモノとを接触させながら動かそうとするときに、それに抗する力（＝摩擦力）が発生する現象をいいます。その摩擦は**静摩擦**と**動摩擦**に大きく分けられ、動摩擦は**滑り摩擦**と**転がり摩擦**に大きく分けられます。なお、静摩擦は**静止摩擦**とも呼ばれます。

　机の上に置いた厚手の本を指で押すという、簡単な実験を考えてみましょう（下図左）。最初、軽く押しても本は動きません。次第に力を増していき、ある大きさを超すと急に動き出し、その後は軽い力でも本を動かすことができるようになります。この力の大きさの様子をグラフに示したのが下図右です。

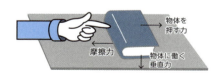 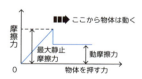

　この実験で、本が動き出すまでに本を押し留めていた力が静摩擦の力です。その後、動き出してから指が感じる力が動摩擦（この場合は滑り摩擦）の力です。

アモントン・クーロンの摩擦の法則

いま調べた実験では、**静摩擦力は動摩擦力より大きい**、という法則が成立することがわかりました。

さて、その動摩擦の力については、古くから研究がなされてきました。かの有名なレオナルド・ダ・ヴィンチ（1452～1519）が研究し、後にアモントン（1663～1705）や電気で有名なクーロン（1736～1806）が再発見した次の経験則が特に有名です。

①摩擦力は荷重に比例する。
②摩擦力は見かけの接触面積によらない。
③摩擦力は速度によらない。

この経験則は**アモントン・クーロンの摩擦の法則**と呼ばれます。

①は同じ物体なら、2倍重ければ2倍摩擦力が大きくなることを意味します（下図①）。②は同じ物体ならば、配置を変えても摩擦の大きさが不変であることを述べています（下図②）。

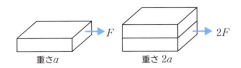

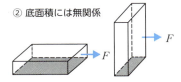

また、③は様々な動摩擦を調べることで得られる法則です（右図）。

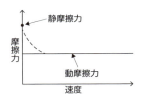

摩擦の原因

摩擦の原因については、古くから研究されてきましたが、次のイメージで説明されています。

モノの表面には細かいギザギザがあり、動かそうとするとしっかりはまっているので大きな力を要します。しかし、動き出すとそのギザギザのはまりがはずれ、摩擦力が軽減される、というものです。静摩擦よりも動摩擦が小さいことがよく説明できます。

近年、このギザギザの正体が原子や分子レベルで次第に明らかになってきました。2面が接触しているといっても、見かけの接触面積に対して密着している部分は限定的です。この限られた接触面で分子間の密着や崩壊が起き、摩擦の力が生まれると考えられています。

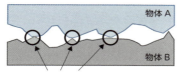

見かけの接触面積と実際の接触
実際に接触しているところで密着や崩壊が起こっていると考えられる。

摩擦対策

冒頭に述べたように、摩擦がなければ日常生活は送れません。他方、摩擦は厄介者です。無駄な力を要するからです。

例えば、古代においてピラミッドを造るために大きな石を運ぶ必要がありましたが、「摩擦力は荷重に比例する」（アモントン・クーロンの摩

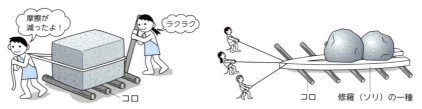

左の図はコロを利用して石を運ぶ様子。右の図は古墳時代に巨石を運んだ修羅。下にコロを置いて運ぶ。

擦の法則）ために、大きな重い石を動かすには大きな力が必要になります。

そこで、古代人は摩擦に抗するためにコロを発明しました。転がり摩擦は滑り摩擦よりも遥かに小さいという経験則を利用しているのです。このコロの原理は日本の飛鳥時代に造られた石舞台にも使われました。巨石を「修羅」と呼ばれる運搬具に載せ、コロの上で引いたのです。

このコロの原理は現代でも利用されています。その代表はベアリング。「軸受け」と訳されますが、軸とその接続部に装着し、回転を滑らかにする働きをする部品です。軸と取り付け部の間に回転する部品（要するにコロ）を入れ、滑り摩擦を転がり摩擦に変換しているのです。

代表的なベアリング（軸受け）。イラストは「玉軸受」と呼ばれるもの。

もう一つ、有名な摩擦対策があります。潤滑油です。実際、接触部に潤滑油を注すと、動きはスムーズになります。

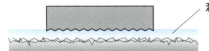

潤滑油は表面の凹凸を埋め、滑らかにすると考えられる。

問題にチャレンジ

〔問〕同じ物質からできたa、b、cの3つの直方体がある。b、cの動摩擦の力はaの何倍になるか。

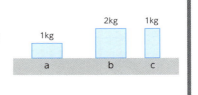

〔解〕摩擦の法則が成立すると仮定するなら、摩擦力は荷重に比例し、見かけの接触面積によらないので、順に2倍、1倍。（答）

§3 作用反作用の法則
――押せば押し返されるという日常の法則

　ニュートンは主著『プリンキピア』において、物体の運動を決める**運動の三法則**を提示しました。第一法則は「慣性の法則」（§11）、第二法則は運動方程式（§16）、第三法則は「作用反作用の法則」です。ここでは、最後の「作用反作用の法則」を調べてみます。

作用反作用の法則とは

　物体 A が物体 B を押したり引いたりするとき、B も A を押したり引いたりしています。2 つの物体が互いに力を及ぼし合っているときには、このように必ず 2 つの力が対になって現れます。この力の一方を**作用**、他方を**反作用**といいます。これら 2 つの力には次の**作用反作用の法則**が成立します。

> 2 つの物体が互いに及ぼし合う作用と反作用は、「同一直線上にあり、大きさは等しく、互いに逆向き」である。

　反作用を体感する最も簡単な方法は壁を押してみることです。押す力と同じ大きさで反対方向の力を手が感じるでしょう。

反作用を体感
壁を押すことで、反作用を体感できる。

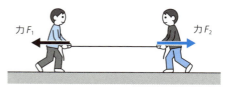

作用反作用の法則
2 つの物体が互いに力を及ぼし合うとき、作用反作用の法則に従う力がペアになって現れる。

作用反作用の法則を確かめてみよう

作用反作用の法則は身近な法則です。例で確かめましょう。

（例1）2つのバネばかり

作用反作用の力の大きさが等しいことを数値的に確認するには、2つのバネばかりを対向して連結し、引き合うとよいでしょう。すると左右共に、同一の目盛りを指します。

A、B共に同じ目盛りを指す。

（例2）池のボートを利用

池のボートで作用反作用の法則を体験するのも面白いでしょう。2隻のボートを直線的に並べ、相手のボートを押してみましょう。ボートは互いに反対方向に動き出します。自分は押した（作用を加えた）つもりなのに、反対に押し返される力＝反作用が生じたのです。

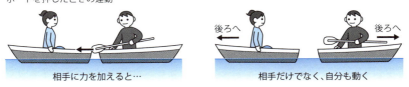

鳥も作用反作用の法則で飛ぶ

鳥が飛べるのも反作用があるからです。鳥が羽ばたくと、空気から反作用をもらいます。あたかも人が壁を押したときに、壁から反作用の力を受けるのと同じです。この反作用の力で地面を離れられるのです。

作用反作用の法則で飛ぶロケット

　何もない宇宙空間で、どうしてロケットは推進力を得ているのでしょうか。それは先の（例2）のボートの仕組みと全く同じです。ロケットの中の燃焼室で発生した高温高圧の気体を後ろに噴き出すと、その反作用でロケットは進みます。ちなみに、（例2）でこの高温高圧の気体に相当するのは相手のボートです。

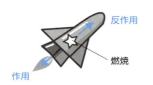

ロケットは作用反作用の法則で飛ぶ
燃焼した高速ジェット気体を後方に噴出し、その反作用の力でロケットは宇宙を飛ぶ。

　ロケットが飛ぶ仕組みを理解するのに最適なのはペットボトルロケットでしょう。このロケットは燃焼ガスを噴出する代わりに水を噴出します。その噴出した水の反作用で、ペットボトルは上空に舞い上がるのです。

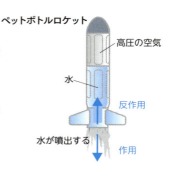

ヨットが風上に進める理由も反作用の力

　不思議なことに、ヨットは風上にも進めます。その秘密も作用反作用の法則の利用です。下図を見てください。
　風に対して図のように帆を張ります。風の力は帆の曲面に垂直に働きます。その帆の力 F は前進方向 F_1 とそれに垂直な F_2 に分けられます。

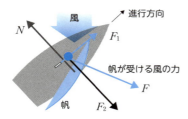

ヨットが風上に向かって走行できる理由
帆が受ける風の力 F を前進方向 F_1 とその垂直方向 F_2 に分け、垂直方向を反作用の力 N で打ち消す。すると、前進方向 F_1 のみが生き残り、風上に斜めに向かって前進できる。

ところで、力 F_2 は海に船体を押し付ける力になりますが、海からは反作用 N を受けます。この N と F_2 とが作用反作用の法則で打ち消し合うので、船体が受ける力は前進方向 F_1 のみになります。こうして、ヨットは風の方向に斜めに向かって進めるのです。

斜めばかりに進んでは、風上の目的地に到着できません。そこで、ヨットは**タッキング**という技法でジグザグ走行し目的地に向かいます。

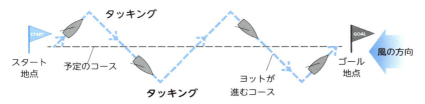

風上に目的地があるとき、風上に向かってジグザグに進むよう帆の向きを何回も変更する。これをタッキングという。

問題にチャレンジ

〔問〕スケートボードに乗った2人を1本の綱で結び、1人が綱を引くと、2人はどのような動きをするでしょうか。

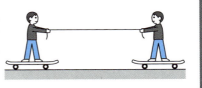

［解］作用反作用の法則から、直線状に距離が縮む方向に両者とも動きます。（答）

メモ

太陽と地球の作用反作用

太陽と地球は遠く離れて力を伝え合いますが、作用反作用の法則を満たすのでしょうか。現代では、太陽は真空の中の仮想の粒子と作用し、ここで作用反作用の法則が成立すると考えます。その仮想の粒子は地球に到着し、ここでも作用反作用の法則が成立します。このように力が伝わる考え方を**場の理論**といいます（§29）。

§4

力のつり合いの法則
——合力がつり合いの条件の鍵

　外から力を受けているのに、物体がその位置を変えずに静止しているとき、「力がつり合っている」といいます。外見上、力が作用していないように見える状態を表現しています。ここでは、**質点**に関する力の関係を調べてみます。なお、「質点」とは質量があっても大きさは無視できる小さな物体を指します。

力の三要素と有向線分

　物体に加える力を確定するには「力の大きさ」「力の向き」「力の作用点」という三つの要素（力の三要素）を与える必要があります。なお、作用点を通り力の向きの方向に沿う直線を作用線と呼びます。

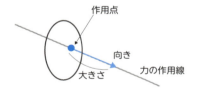

力の三要素
力を記述するには「力の大きさ」（どれぐらいの力か）、「力の向き」（どの向きか）、「力の作用点」（どこに働いているか）の三要素が必要。

　これら三要素のどれかを変えると、その力が物体に与える効果は変化します（複数の力がつり合って静止しているときには、作用線上で作用点を動かしても、力の効果は変わりません）。

　上の図に示すように、力を表現するには矢印が最適です。この矢印のことを数学では**有向線分**と呼び、力の三要素をしっかり表現することができます。

力の表現とベクトル

　さて、作用点を無視して、向きと大きさだけを持つ量を数学では**ベク**

トルといいます。この意味で、よく「力はベクトル」と表現されますが、それは正確な表現ではありません。力は「作用点とベクトル」の2つの情報が与えられることで確定するからです。

ベクトルは向きと大きさを持つ量
左の2つのベクトルは矢印(有向線分)としては異なるが、ベクトルとしては同じ。

力の合成と分解

2つの力は1つの力としてまとめられます。これを**力の合成**と呼びます。下図のように、2つの力を2辺とする平行四辺形を描き、対角線を結べば、2つの力は合成されます。この合成法則を**平行四辺形の法則**と呼びます。

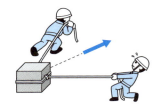
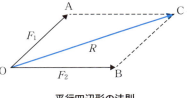

平行四辺形の法則

逆に、1つの力は2つの力に分解できます。例えば斜面に置かれた物体が受ける重力は、斜面方向とその垂直方向に平行四辺形の法則を用いて分解できるのです。これを**力の分解**といいます。

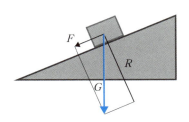

力の分解
驚くべきことに、「力が分解できる」ことは、古代ギリシャですでに知られていた。
ちなみに、斜面の角が30°のとき、左図のFは重力Gの半分になる。

質点に加えられた力のつり合いの条件

では、「力のつり合い」について調べましょう。本節では大きさの無視できる物体（すなわち質点）について議論します。大きさを考える物体も、多くの場合は重心の1点にだけ働く力を考えればよいので、結局、質点の問題に帰着されます。

最初にも述べたように、外から力を受けているのに物体が位置を変えずに静止しているとき、「力がつり合っている」といいます。いま、2つの力 F、G が下図のように質点Pに働いているとしましょう。このとき、質点Pが動かない条件は力 F、G が「反対向きで、大きさが等しい」ことです。すなわち2つの力を合成すると0になるのです。

$$F \longleftarrow P \longrightarrow G \qquad 力 F, G はつり合っている。$$

これを数学的に表現すると、2つの力を表すベクトル F、G の和が0と書けます。

$$F + G = 0$$

これを一般化したのが、次の**つり合いの条件**です。

質点に働く複数の力 F_1、F_2、F_3、…、F_n がつり合う条件は
$$F_1 + F_2 + F_3 + \cdots + F_n = 0$$

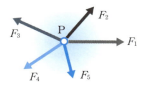

質点Pが静止しているとき、すなわち質点Pで力がつり合っているとき、
$$F_1 + F_2 + F_3 + F_4 + F_5 = 0$$
この和は力の合成の和 = ベクトルの和である。

つり合いの条件と力の多角形

上の5つの力の矢の頭とシッポをつなげてみましょう。すると、閉じた多角形を描きます（次図）。要するに、力がつり合っているなら、

力の矢を加え合わせると元に戻るのです。このように、すべての力の頭とシッポをつなげて閉じた多角形ができれば、質点に対して力はつり合っていることを表します。この多角形を**力の多角形**と呼びます。

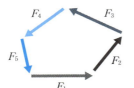

力の多角形
力を表す矢の頭とシッポをつなげていくと、力がつり合っているときは「閉じた多角形」を作る。

つり合いと作用反作用の法則

「力のつり合い」と「作用反作用の法則」が混乱しやすいときがあります。右の図でその違いを確認しましょう。

「リンゴに作用する重力」Gと「木がリンゴを引く力」Tはつり合いの力です。一方、「木がリンゴを引く力」Tと「リンゴが木を引く力」は作用・反作用の2つの力です。

どちらも大きさは同じで逆向きの力ですが、大きな違いがあります。それは力のつり合いは1つの物体（リンゴ）に働く2つの力ですが、作用・反作用は別の物体に働く2つの力という違いです。

問題にチャレンジ

〔問〕机の上の静止した本を考えます。このとき、本にはどんな力が働いているかを調べ、つり合いの条件を満たしていることを確かめましょう。

[解] 本には地球が下向きに引っ張る重力と、机が上向きに押し返す抗力が作用しています。それらは重心に働く力としてまとめられ、互いに大きさが等しく向きが反対、すなわち合成した力は0になります。（答）

§5

滑車の原理

―― 滑車が重いものを軽々と持ち上げられる原理

建築現場でよく利用されている滑車について調べましょう。

定滑車と動滑車

滑車にはいろいろな分類法がありますが、力学的には下図のように**定滑車**と**動滑車**の二つに大きく分類されます。定滑車の基本は滑車が固定されていることです。それに対して動滑車の基本は掛けられたロープやチェーンなど（以後ロープと呼びます）を伸縮することで自由に動ける滑車があることです。

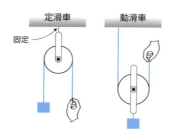

定滑車と動滑車の基本
定滑車は滑車が動かない。それに対して、動滑車は動く滑車を持つ。

定滑車の原理

上記の定滑車の仕組みからわかるように、定滑車で 1kg の質量の物体を引き上げるには、当然その重さ分の力が必要です。すなわち、次の性質を持ちます。これを**定滑車の原理**といいます。

> 定滑車はロープを引っ張る力の方向を変えることはできるが、物体を引く力の大きさを変えることはできない。

定滑車の場合、この前者の性質が役立っています。次に述べる動滑車

を実用的な場面で利用するには「ロープを引っ張る力の方向を変える」ことが大切なのですが、そのとき定滑車が本領を発揮します。

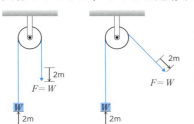

定滑車の原理
Wの力を受けている荷物を引き上げるには、Wの力が必要。しかし、引っ張る方向を変えることができる。

動滑車の原理

　前ページの動滑車の図を見てください。この動滑車は、両側２本のロープで支えられているので、重さとなる力が２つに分かれて伝わります。すなわち、次の**動滑車の原理**が成立します。

> １つの動滑車について、物体にかかる力の「半分の力」でその物体を動かすことができる。

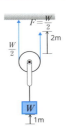

　動滑車の軸は固定されていないため、ロープを引っ張ると、滑車装置も上下します。滑車やロープの質量を無視すれば、動滑車１つで荷物をつり上げるために必要な力は、その荷物の重さの半分になります。その代わり、動滑車で荷を１ｍ吊り上げるためには、ロープを２ｍ引っ張る必要があります（右図）。

組み合わせ滑車

　滑車はいろいろな場面で実用に供されていますが、多くの場合、定滑車と動滑車を複数個組み合わせて利用されています。そうすることで、わずかな力で重い物体を引き上げることができるからです。また、引く力の方向を自由に選択できるようになります。ここでは、いくつかの代表例を調べてみましょう。

（例1）定滑車と動滑車が1つの場合

荷物に働く重力を W、それを引っ張り上げる力を F とします。右の図からわかるように、荷物に働く重力 W は動滑車 A によって半分の $W/2$ となるため、力 F は

$$F = \frac{W}{2}$$

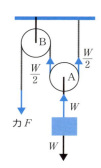

（例2）定滑車と動滑車が3つずつの場合

（例1）と同様、荷物に働く重力を W、それを引っ張り上げる力を F とします。引く力 F に対して、動滑車には合計 $6F$ の力が加わります。したがって、

$$W = 6F$$

こうして、引き上げる力は $\dfrac{W}{6}$ となります。

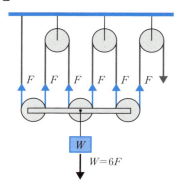

（例3）クレーンの滑車と組み合わせ滑車

建築現場で活躍するクレーンには滑車が大活躍します。実際、（例2）のような滑車が応用されています。原理的には滑車の数を増やせば、限

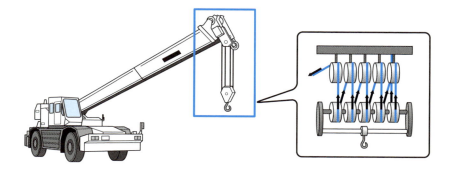

りなく小さな力で、限りなく大きな力が得られることになります。このような複雑な滑車を**組み合わせ滑車**と呼んでいます。クレーン車が重い鉄骨を軽々と高い所に移動できる理由です。

問題にチャレンジ

〔問〕下図の滑車において、引く力 F_1、F_2 を求めましょう。W は荷物にかかる重力です。

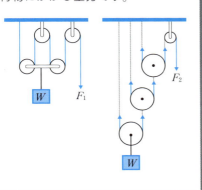

〔解〕下図より、順に、$W/4$、$W/8$（答）

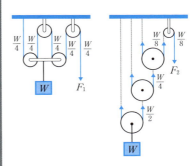

メモ

輪軸

　滑車と紛らわしいものに**輪軸**（りんじく）があります。動滑車の場合、支える2本のロープに荷物の重さを分散させるのに対して、輪軸はテコの原理で力を軽減させる装置です。右の図はその原理で、次式が成立します。

$$r \times W = R \times F$$

　これから外力 F は荷重 W よりも小さくなることがわかります。

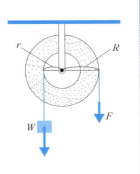

§6 パスカルの原理
――自動車のブレーキも、この原理なくしては語れない

　パスカルというと、気象予報士が口にする「ヘクトパスカル」という気圧の単位を思い出したり、「人間は考える葦である」といった哲学者を思い起こしたりするかもしれません。さらには、高校数学の授業で習う「パスカルの三角形」がイメージされるかもしれません。なかでも、最も有名なパスカル（1623〜1662）の業績は、やはり「**パスカルの原理**」でしょう。

パスカルの原理とは

　パスカルの原理は次のようにまとめられます。ここで、圧力とは単位面積に加わる流体の力をいいます。

> 密閉された容器内の静止流体中では、1点に圧力を加えると、流体中のどの点にも、加えられたのと同じ大きさの圧力が伝わる。

　難しそうな表現ですが、日常よく体験できる法則です。例えば、ゴム風船を膨らませてみましょう。フッーと口から息を吹き込むと、ゴム風船は球状に膨らんでいきます。なぜ球状なのでしょうか。それはパスカルの原理で説明されます。息を吹き込む圧力が風船内の全体に伝わり壁を一様に押したために、風船は球状に膨らむのです。

ゴム風船を膨らませると丸くなるが、その裏にはパスカルの原理が潜んでいる。

ゴム風船の中身は空気ですが、液体の場合も同様です。例えば、ゴム風船やポリ袋に水を満たし、でたらめに数箇所、細い針で穴を開けます。そして、適当な場所を指で押してみましょう。すると、針の穴から同じ勢いで水が飛び出します。これは指の力が圧力としてどの針の穴にも均等に伝わり、水を押し出したからです。

ゴム風船に水を満たして封をする　適当に小さな穴を開ける

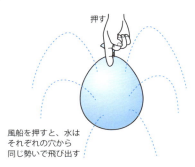

押す

風船を押すと、水はそれぞれの穴から同じ勢いで飛び出す

パスカルの原理の応用

「1点に圧力を加えると、流体中のどの点にも、加えられたのと同じ大きさの圧力が伝わる」というのは、大変ありがたい性質です。そこで、それを応用した装置がたくさん発明されています。その代表が**油圧装置**でしょう。身近には、自動車のブレーキに利用されている装置です。高速に走る1トンほどの自家用車が足1本の力で軽々と止まれるのは、この装置のおかげです。

油圧装置はパスカルの原理を下図のように応用しています。

断面積が 1cm^2 と 5cm^2 の2つの円筒を下図のようにつなげ、液体を満たし、重さの無視できる平らな可動蓋で密封します。そして、左の蓋

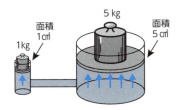

面積 1cm²　1kg　5kg　面積 5cm²

油圧装置の原理
パスカルの原理から、左側の断面積 1cm^2 の筒に加重された1kgの重さの力は、右の断面積 5cm^2 の筒では5×1kgの重さの力となる。5倍に力が増したのだ。

に 1kg のおもりを置き、右の蓋には 5kg のおもりを置きます。すると、2 つのおもりはつり合うのです。なぜなら、左の蓋に加えられた 1kg の力は 1kg 重 /cm² の圧力となり、パスカルの法則に従って全体に伝えられるからです。右の蓋は面積 × 圧力（＝5×1kg 重 /cm²）の力を受けることになり、5kg のおもりを支えられます。

この仕組みを真似れば、原理的には力を何倍にも増大できます。それを応用したのが**油圧ジャッキ**です。ブルドーザーやクレーン車にもこの装置を積載しています。

パスカルの原理は東京ドームにも

パスカルの原理は、ドーム型球場にも利用されています。例えば東京ドームの屋根は空気の力で持ち上げられています。この支える力はまさにパスカルの原理に従っているのです。

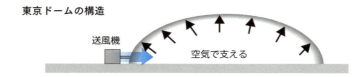

東京ドームの構造

東京ドームの屋根の総重量は 400 トンですが、この重さを支えているのが空気圧です。ドーム内に空気を送り込み、外よりも 0.3％だけ空気圧を高くしています。この気圧差はビルの 1 階と 10 階ぐらいの気圧差に相当し、人体にはほとんど感じられませんが、出入口にはドアが付けられ、ほとんど密封されています。そこでこの空間にはパスカルの法則が成立し、屋根全体に 0.3％の気圧差の力が働きます。屋根の面積は広大なので、屋根全体では大きな力になります。この力が 400 トンもの重い屋根を下から持ち上げているのです。

気圧の単位パスカル

地球の大気には重力が働き、圧力を生みます。地上で受けるその圧力の標準の大きさを **1 気圧**といいます。水を 1034cm、水銀なら 76cm 持ち上げる圧力が標準です。

6 パスカルの原理

近年、国際単位系の普及によって、圧力の単位として**パスカル**（記号 Pa）を用いるのが普通になってきました。この Pa は「1 平方メートルの面積につき 1 ニュートンの力が作用する圧力」と定義されています。この単位を用いると、地上標準で約 101300Pa の圧力を受けることになります。桁数が多いので、100Pa を 1hPa（h は「ヘクト」）で表し、標準の大気圧を 1013hPa と表します。

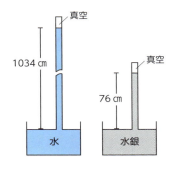

（注）ヘクトは 100 を意味します。例えば 100 アールは 1 ヘクタールといいます。

問題にチャレンジ

〔問〕2 つの円筒を図のようにつないで液体を満たし、重さの無視できる可動蓋で密封します。断面積が 1cm^2 の左の筒に 1kg のおもりを置き、右には 50kg のおもりを置きます。2 つのおもりをつり合わせるには、右の筒の断面積はどれぐらいにしたらよいでしょうか。

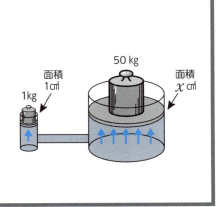

［解］ パスカルの原理から液全体に 1kg 重 /cm² の圧力が伝わるので、右の蓋の面積を $x(\text{cm}^2)$ とすると、右の蓋にかかる圧力全体の力は $1 \times x$。これが 50kg 重のおもりに相当すればよいので、
　　$x = 50\text{cm}^2$。（答）

§7

仕事の原理

―― 物理学で用いる「仕事」の意味を理解するのに最適な法則

これまで、てこの原理、滑車の原理、パスカルの原理を調べましたが、ここでは「仕事」という観点から見直してみることにします。

物理学の「仕事」とは

日常生活で「仕事」は広範な意味で利用されます。「今夜は仕事で遅くなる」という場合の仕事は、研究であったり、書類作成であったり、はたまた飲み会であったりもします。これでは「仕事」が何を指しているのかわかりません。そこで、物理学では「力のした仕事」を次のように明確に定義しています。

> **仕事 = 物体の移動方向の力の成分 × 物体の移動距離**

（例題1）右の図のように滑車で 3kg の質量の荷物をゆっくり 3 m 持ち上げました。人の力 F のした仕事 W を求めましょう。ただし、3kg の質量の荷物にかかる重力は 30N とします。

（注）N は力の単位で、**ニュートン**と読みます。3kg の質量の荷物にかかる重力は 3kg 重ともいいますが、30N で近似できます（§14、§16）。

［解］　$W = 30\,\mathrm{N} \times 3\,\mathrm{m} = 90\,\mathrm{Nm}$（答）

1 ニュートンの力で 1m だけ物を移動した仕事を 1 **ジュール**といい、記号 J で表します。すなわち、1Nm＝1J となります。

（例題2）次の図のように、摩擦がある床の上で、荷物を斜め30°の角度で、2Nの力でゆっくり2m引いたとします。その引いた力のした仕事を求めましょう。

[解] 引く力の2Nのうち、運動の向きの力は$\sqrt{3}$ Nなので、
　　　$\sqrt{3}$ N×2m＝$2\sqrt{3}$ J（答）

仕事の原理

§5の「滑車の原理」で調べたように、動滑車を利用すると、重い荷物を軽々と持ち上げることができます。こう表現すると、動滑車を利用すると楽ができると誤解されてしまいますが、世の中そう甘くはありません。力が小さくなる分、動きを大きくしなければならないのです。

（例題3）右の図のように、滑車で3kgの質量の荷物をゆっくり3m持ち上げたとき、人の力Fのした仕事Wを求めましょう。ただし、3kgの荷物にかかる重力は30Nとします。

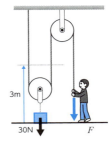

[解] 動滑車を使っているので、引く力は半分の15N。しかし、引くロープの長さは6m（荷物の3mの倍）になるので、
　　　W＝15N×6m＝90Nm（答）

（例題1）の答と、この答とを見比べてください。同じ90Nmの仕事になっています。これが**仕事の原理**です。摩擦などを考えなければ、次の法則が成立します。

> **結果が同じであれば、そのためにした仕事は同じ。**

次に、有名な例についてこの仕事の原理を確認してみましょう。

斜面の原理

古代エジプトにおいて、ピラミッドの石を持ち上げる画期的な方法が発見されています。斜面を利用する方法です。例えば、1トンの石を垂直に 10m 持ち上げるのは大変な話です。そこで、エジプトの人は斜面を活用しました。下図右のようにすれば、半分の 0.5 トンを持ち上げる力で 1 トンの石を持ち上げられるのです（ただし、運ぶ距離は 2 倍になります）。このように、斜面を利用すると、持ち上げる力を小さくできることを**斜面の原理**といいます。

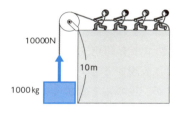
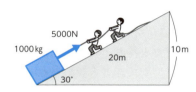

（注）1000kg の質量の物体が受ける力を 10000N で近似しています。なお、引く力が半分になる原理は §4「力のつり合いの法則」を参照しましょう。

さて、ここで 2 つの場合の仕事を計算してみましょう。

（例題 4）上の 2 つの図の場合について、人の力のした仕事を求め、両者が同じであることを確かめましょう。

［解］　仕事の定義から、
　左図の仕事 ＝10000 N×10 m＝100,000 Nm
　右図の仕事 ＝5000 N×20 m＝100,000 Nm
　両者とも同じです。仕事の原理が確かめられました。（答）

てこの原理

いま、80kg の質量の石をロープで 1m 持ち上げるとしましょう。80kg の質量の重さはこたえます。そこで、次の図のように、てこの原

理を用いて持ち上げたとします。力は半分の400Nになります（§1「てこの原理」）。

（注）80kgの質量の物体が受ける力を800Nで近似しています。

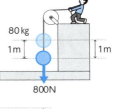

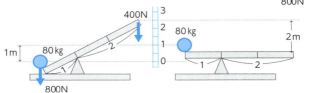

これら2つの場合の仕事を計算してみましょう。

（例題5）ロープで直接持ち上げる場合と、てこを用いる場合について、人の力のした仕事が同じであることを確かめましょう。

［解］仕事の定義から、
　ロープの力のした仕事　＝800 N×1 m＝800 Nm
　てこを押す力のした仕事　＝400 N×2 m＝800 Nm
両者とも同じです。仕事の原理が確かめられました。（答）

問題にチャレンジ

〔問〕右の図は、U字の管を通して1kgと5kgのおもりがパスカルの原理（§6）でつり合っています。右側のおもりを10cm上昇させるには、左側のおもりを何cm下げなくてはならないでしょうか。

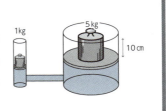

［解］左側のおもりを x cm下げるとすると、仕事の原理から、
　　1kgの重さ×x＝5kgの重さ×10。よって、x＝50cm。（答）

7 仕事の原理

§8

アルキメデスの原理
―― 液体から受ける浮力を定量的に表現した法則

アルキメデスの原理は次のようにまとめられます。

> 静止している流体の中に沈んでいる物体は、その物体が押しのけた流体の重さに等しい力で鉛直上向きの力を受ける。

物体が流体から受ける上向きの力を浮力といいます。この**浮力**があることは経験的にわかります。アルキメデスの原理は、この浮力を定量的に表現しているところが大切なのです。

王冠が純金かどうか……

アルキメデス（紀元前287〜212）がこの「アルキメデスの原理」を発見したときの話は、大変有名です。ギリシャの王国シュラクサイのヒエロン王が王冠を作らせたとき、「金の一部に銀が流用されている」という密告がありました。そこで王は名高い学者のアルキメデスにその真偽を調べるように依頼します。さすがの天才アルキメデスも困り果てたのですが、浴槽に入ったときに身体が軽くなるのと同時に、身体が浸った分の湯があふれ出たことに気づきました。このことに気づくや、「ユリイカ（わかったぞ）！」と叫んで浴場を飛び出し、裸のまま自分の家に帰ったという逸話はあまりにも有名です。

さっそく、アルキメデスは王冠と同じ重さの金と銀の塊を一つずつ用意しました。その金と銀の塊を天秤に掛け、水平になることを確かめてから、天秤をそのまま水の中に沈めました。金と銀は同じ重さで、体積

の大きい銀は金よりも浮力を大きく受けます。したがって水中の天秤は水平を崩し、金の方に傾きました。

このことを確かめてから、次に王冠と同じ重さの金の塊と王冠を天秤に掛け、天秤が水平になることを確かめ、そのまま水の中に沈めました。なんと、天秤は水平を崩し、金の方に傾いたのでした。複雑な形をした王冠でも、押しのけた水の量が同じならば同じ浮力を受けるはずです。金の塊の方に傾いたということは、王冠の方が浮力をより大きく受けたことになります。つまり嵩の大きい銀が混ぜられていたことを示します。こうして銀の混入をアルキメデスは見破ったのでした。

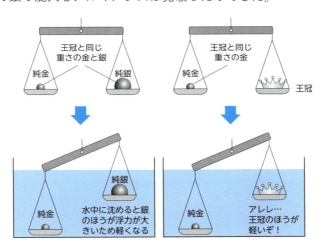

浮力の原因は

この浮力の発生するメカニズムを下図に示します。

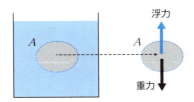

容器に入った液体を考え、その中の任意の領域 A を考える。液体が静止していれば、領域 A では力がつり合っているはず。領域 A に作用する力は重力と浮力の2者だが、つり合っているならそれらは等しい。

いま、容器の中の液体を考えます。液体が静止していれば、液体のどの部分をとっても力はつり合っているはずです（つり合っていなければ、液体は流れる）。そこで、その中の任意の領域 A を考えてみましょう。その A の中の液体には、当然下向きに重力がかかっています。A の液体が静止しているということは、この重力に抗う上向きの力があるはずです。それが「浮力」です。こうして「物体が押しのけた（すなわち領域 A の体積分の）液体の重さに等しい力で鉛直上向きの力（浮力）を受ける」ことが示されました。

水圧で浮力を解釈すると

　水中の浮力の生みの親が何かを調べましょう。それは**水圧**です。水圧は深くなるほど大きくなりますが、この性質が浮力の源になるのです。

　上記の水の中の任意の領域 A で考えましょう。領域 A にはいろいろな向きから水圧が加わっていますが、上側部分にかかる水圧の合計は下側部分にかかる水圧合計よりも、浅い所にある分だけ小さくなります。こうして、トータルで上側の力が働くのです。これが浮力になります。

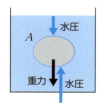

浮力の原因
水圧は深くなるほど大きくなる。そこで、領域 A の上側部分に働く水圧の合計は、下側部分のそれよりも小さい。それが浮力の源。

アルキメデスの原理は船の基本理論

　江戸幕末の頃、鉄でできた黒船がなぜ浮くのか、多くの日本人が不思議に思ったといいます。重い鉄が海に浮かぶというのは、確かに不思議だったかもしれません。しかし、アルキメデスの原理を知っていれば納得がいきます。どんなに重い船であっても、その体積を大きくすれば浮かぶからです。体積が大きければ押しのける海水量も大きくなり、その分、浮力も増すことになります。

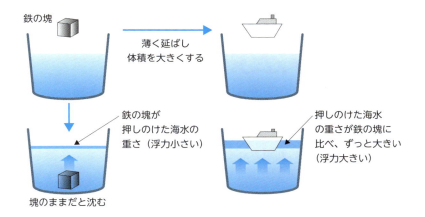

また、アルキメデスの原理を利用して、船の積載量を知ることができます。港に行ったとき、貨物船の側面を見てみましょう。「満載喫水線」と呼ばれるマークが付けられていることに気づくでしょう。

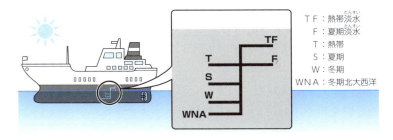

TF：熱帯淡水
F：夏期淡水
T：熱帯
S：夏期
W：冬期
WNA：冬期北大西洋

このマークは船に積まれている荷物が安全な量かどうかを外から見てわかるようにするための印です。積荷が多く重くなれば、浮力を得るために船はその分沈むことになりますが、あまり沈みすぎると安定性を欠き沈没の恐れが出てきます。その安全度を示すマークなのです。

問題にチャレンジ

〔問〕海水中で金1kgと銀1kgでは、どちらが重いでしょうか。

［解］アルキメデスの実験でわかるように、浮力が小さい分、金1kgの方が重い。（答）

§9 フックの法則
――力を2倍加えれば2倍変形するという物質の基本性質

バネは様々な場所に利用されています。その力の大きさの特徴を表現するのがフックの法則です。

フックの法則とは

イギリスの物理学者フック（1635～1703）は1678年、バネに力を加えたとき、力の大きさとその変形の度合いとの間に、次の関係があることを発見しました。これを**フックの法則**と呼びます。

> バネの伸び x の大きさは外から加えた力 F に比例する。すなわち、
> $F=kx$（k は定数）…（1）

実際、吊り下げられた「バネ」に、1グラム、2グラム、3グラム、…の分銅を吊り下げていくと、2グラム、3グラム、…のときの伸びは1グラムのときのバネの伸びの2倍、3倍、…になります（下図左）。それをグラフで表すと、下図右のような比例を表す直線（この例の場合は $F=0.5x$）のグラフになります。これがフックの法則です。

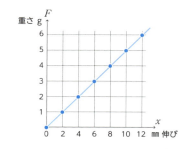

分銅の数はバネを引く力に比例するので、バネの伸びは、それに加える力に比例することがわかります。

バネばかりの仕組み

バネの伸びが引く力に比例するということから、伸びを調べることで引く力の強さを知ることができます。例えば、先のバネで9mmだけバネが伸びたとするなら、右の表から4.5gの重力が加わったことを知ることができます。こうして、吊るされた物の質量が調べられるのです。これが「**バネばかり**」の原理です。

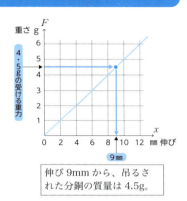

伸び9mmから、吊るされた分銅の質量は4.5g。

調和振動と波

フックの法則に従う変形では、加えた力を解き放すと、変形が振動します。例えば、「バネ」に吊り下げた分銅を持って手で少し引き伸ばし、その手を離してみましょう。その分銅はつり合いの位置を中心に振動を始めます。横軸を時間にして、その振動をグラフで表すと下図のようになります。数学でいう**正弦波**(サインカーブ)です。一般的に、フックの法則に従う力で振動する物体の動きを**調和振動**と呼びますが、それはこのように美しい正弦波を描きます。

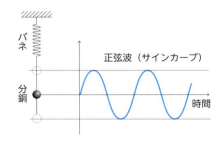

調和振動のグラフ
フックの法則に従う物質を振動させると正弦波になる。

第1章 小中学校で習ったキホン法則
9 フックの法則

フックの法則はバネだけに関係するものではない

　フックの法則が成立するのは「バネ」だけではありません。日常接する固体の変形の多くはフックの法則に従っています。大きな力を加えない限り、その変形は加える力の大きさに比例しているのです。

　例えばプラスチック定規を下図のように机に固定し、おもりでたわませてみましょう。プラスチック定規のたわみの幅は吊るす分銅の質量に比例することがわかります。プラスチック定規もフックの法則が成立し、「はかり」として機能することになるのです。

プラスチック定規とフックの法則
たわみの大きさは吊るす分銅の質量に比例する。

フックの法則のミクロ的解釈

　固体に力を加えて形を変えたとき、この力を取り去ると元の形に戻ろうとする性質を**弾性**といいます。固体はなぜ弾性を持つのでしょうか。変形の小さいときには、なぜフックの法則が成立するのでしょうか。

　ミクロの世界で見てみましょう。原子や分子が整然と並び、電子が媒介する力で互いに結び付いていることがわかります。この結合の力はまさにバネの性質を持っています。フックの法則とはミクロの原子・分子を結合するバネの性質がマクロの性質として現れた法則なのです。

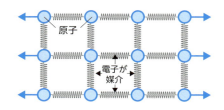

固体をミクロに見ると
原子や分子が整然と並び、バネのような性質を持つ力で互いに結び付いている。これがフックの法則の原因。

ヤング率

　フックの法則による伸びの割合は物質固有の量です。これは先のミク

ロ的な解釈から理解できるでしょう。このことに気づいたのは「光の干渉実験」で高名なイギリスの科学者トーマス・ヤング（1773〜1829）です。単位面積・単位長さを持つ固体に対して、単位の力を加えたときの伸び（すなわち（1）式の k の値）を**ヤング率**と呼びます。

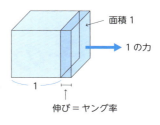

伸び＝ヤング率

バネの性質は時には困りもの

バネの持つフックの法則は、はかりに応用する際にはありがたい性質です。しかし、乗り物では困ります。乗り物の床には衝撃を和らげるためにバネが取り付けられていて、乗り心地を向上させてくれます。しかし、衝撃を受けるとバネは調和振動を始め、車体は上下運動をし続けることになります。それでは乗客が酔ってしまいます。そこで、乗り物のバネには**ダンパー**と呼ばれる装置が付けられ、バネの調和振動を減殺するようになっています。

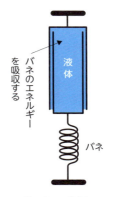

ダンパーの仕組み

ダンパーの仕組みは簡単です。右図のように空気や液体などを満たした筒に、もう一つの筒をかぶせた構造をしています。例えば、バネが縮むとしましょう。すると隙間から流体が漏れ、それがバネのエネルギーを吸収してくれます。こうして、バネの調和振動が抑えられるのです。

問題にチャレンジ

〔問〕十分強いバネに 1kg の鉄球を吊るしたところ 1cm 伸びました。このバネに 3kg の鉄球を吊るしたら、何 cm 伸びるでしょうか？

〔解〕フックの法則から 3 倍伸びるので、3cm。（答）

§10

振り子の法則
――昔の掛け時計が正確な時を刻むことができる仕組み

　映画やテレビドラマの古い家のセットには大きな時計が掛けられています。その時計の文字盤の下では振り子がチクタク動いています。それが振り子を利用した時計＝**振り子時計**です。この振り子時計の原理を発見したのが16、17世紀に活躍したイタリアの科学者ガリレオ・ガリレイ（1564〜1642）です。

振り子時計
テレビや映画の古い時代のセットには欠かせないアイテム。文字盤下のおもりの往復が時を刻む。

振り子の法則を発見！

　1583年（日本では本能寺の変の翌年）のある日の夕方、ガリレオはピサの大聖堂に入りました。薄暗い中には灯されたばかりのランプ（一説には香炉）が揺れていました。とりとめもなくそれを見ていたガリレオはふと気づいたのです。「大きく揺れるときと小さく揺れるときとで、ランプの往復時間は変わらない！」こうしてガリレオは次の**振り子の法則**を発見したといいます。

> 振り子の糸の長さが同じであれば、大きく揺らしても小さく揺らしても振動の周期は同じである。

048

10 振り子の法則

ここで**周期**とは振り子の往復する時間です。

このエピソードは確たる文献があるわけではありませんが、発見にまつわる有名な話として伝わっています。ちなみに、時計がそばにない時代、この法則を確認するのにガリレオは手首の脈を利用したといわれます。

右の図は、1/4 周期分について、振り子の法則を示す図です。

振り子の法則の留意点

振り子の法則は振れの幅（**振幅**といいます）が小さいときにのみ成立します。したがって、振り子時計を作る際には、あまり大きな振れの幅のものを作ると、正確性が失われてしまいます。下図のグラフに示すように、振れの幅が 20°を超えると、振り子の法則は乱れ始めます。

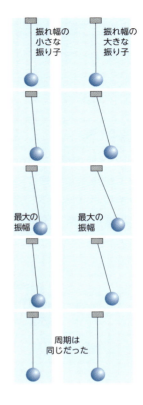

振り子の法則
振り子の振れが大きくても小さくても要する時間は同じ。

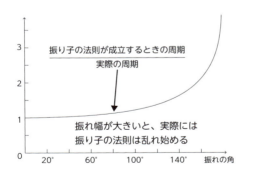

振り子時計の発明

時計の歴史を軽く振り返ってみましょう。次の年表からわかるように、秒単位まで計れる時計は 17 世紀初めまでは存在しませんでした。

049

年代	時計の歴史
BC4000～3000年	人類最初の時計といわれる日時計がエジプトで発明される。
BC1400頃	エジプトで目盛りつきの水時計が発明され、夜でも時刻を知ることができるようになる。
1460年頃	ぜんまいを動力とする小型時計が発明される。

　17世紀中頃、人類はようやく信頼できる時計を手に入れます。ガリレオが発見した振り子の法則を利用して、1650年代中頃にオランダの科学者ホイヘンス（1629～1695）が振り子時計を発明したのです。人類はこの振り子時計によって初めて正確な時を刻めるようになったのです。

（注）ホイヘンスは波の研究でも大変有名です（§25）。

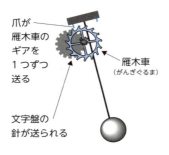

振り子時計の仕組み
振り子の根元のTの字の部品（アンクルという）に付けられた爪が雁木車（がんぎぐるま）と呼ばれるギアを1振動ごとに送り、文字盤の針を動かす。振り子の法則から、この1振動の周期は正確である。

フーコーの振り子

　ガリレオの最も有名な言葉は「それでも地球は動く」でしょう。宗教裁判にかけられ、しぶしぶ時の権力に従いながらも、本音を吐露したと伝わります。その「それでも地球は動く」を決定づける公開実験が、1851年、パリのパンテオン広場で行なわれました。現代では**フーコーの振り子**と呼ばれる振り子の実験です。

　「振り子の法則」以外にも、振り子にはさらに別の特徴があります。外から力が働かない限り**振動面が一定**という法則です。最初に平面的に振らせば、その振らせた平面内で運動をし続けるという性質です。

10 振り子の法則

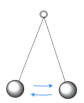

振り子の振動面は一定
最初、紙面に沿って振らせた振り子は、永遠に紙面に平行に振動するという性質。

フーコーは大きな振り子を振らせてみました。すると振り子の振動面が回転していくのです。これは地球が回転していることの証であることにフーコーは気づいたのです。この回転の直観的な説明は、次の図で了解されるでしょう。こうして、フーコーは歴史上初めて実験によって地球の自転を証明したのです。

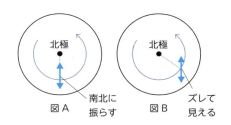

フーコーの振り子
例えば、日本の位置で、最初に振り子を南北に振らせたとする (図 A)。北極上空の宇宙から見ると、その振動面は一定だが、地球上で見るとそれは変化している。

ちなみに、地上で見ると、フーコーの振り子は力を受けて回転するように見えます。この力を**コリオリの力**と呼びます（§21）。

問題にチャレンジ

〔問〕北極でフーコーの振り子の実験をしたとします。振り子は何時間で振動面を1回転させるでしょうか。

〔解〕地球が1回転する時間と一致するので、24時間。右図でそれを確かめてみましょう。(答)

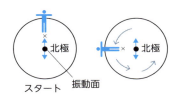

§11 慣性の法則
──力を受けなければ状態は変わらないという法則

　古代ギリシャの哲学者アリストテレス（紀元前 384 〜 322）は「万学の祖」とも呼ばれ、その考え方は長い間西洋文明を支配しました。物の動きについてもそうです。アリストテレスは次のように考え、それが 2000 年近く西洋世界を支配する「動き」の捉え方になったのです。

「物が動くときには、押している力が存在している」

　日本ではまだ縄文式土器が残る頃、自然哲学がすでに存在したことは驚異ですが、このような直観的なドグマが西欧の科学文明の発達を遅らせたことも事実です。

慣性の法則

　このアリストテレスの考え方に反旗を翻したのがイタリアの科学者ガリレオ・ガリレイです。ガリレオは次のように考えました。それが**慣性の法則**です。

> **力が加わらないとき、物体は静止または直線運動を続ける。**

　下図のような斜面の実験を通して、ガリレオは自説の正しさを確信したといいます。滑らかな板を折り曲げ、そこに球を転がす実験です。斜面から水平面に落ちてきた球は、力が働かなくても転がり続けるはずで

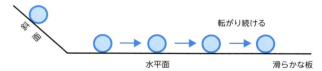

ガリレオの実験。力がなくとも球は滑らかな板の上を水平に動き続けると考えた。

す。「動くには力が必要」とするアリストテレスの考えとは一線を画しています。

慣性の法則は「惰性の法則」ともいわれます。つまり、「慣性の法則」とは、これまでの状態や勢いを変えようとしない怠惰な物質の性質を表すのです。

身近な慣性の法則の実験

慣性の法則を上手に利用した玩具があります。「だるま落とし」です。構造は簡単で、下図のように積み木を重ね、最上部に達磨の顔が描かれた積み木を置きます。途中にある積み木を小槌で上手に叩き、積み木を崩さないよう競うのです。

だるま落とし
重ねられた積み木の一つを上手に水平に叩くと、積み木は崩れない。叩かれなかった積み木は慣性の法則で、そのままの状態を保つからだ。ただし、積み木同士はよく滑るようにしておかないと上手に遊べない。

実際、小槌で水平にすばやく叩くと、叩かれた積み木だけが外に飛び出し、積み木は崩れません。叩かれた積み木以外には力が働かず、慣性の法則でそのままの状態を保って落ちてくるからです。

おもちゃに頼らなくても、慣性の法則は日常体験しています。例えば、走ったバスに乗っているとき、ブレーキが掛けられると身体が前のめりになります。それはいままでの運動を保持しようとしたからです。

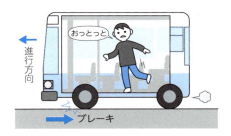

慣性の法則を体感
ブレーキが掛けられると進行方向にのめるのは慣性の法則のため。

それでも地球は回る

ガリレオは不合理や矛盾への闘士でした。整合性のないものには敢然と戦いを挑んでいます。その代表が地動説の信奉でしょう。地動説はガリレオの少し前にコペルニクスが提唱しましたが、当時の人を説得できない大きな欠点をはらんでいました。「太陽が中心ならば、なぜ物体は太陽に引かれて行かないのか？」という疑問です。

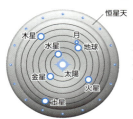

コペルニクスの描く宇宙
太陽が中心ならば、物体は太陽の引力で太陽に向かって引かれて行くはず。この反論に答えるのが慣性の法則。

確かに、引力の中心に物体が引かれるのは当然です。しかし、実際は地球上のものは地球の中心に引かれていきます。この矛盾を解決するのが「慣性の法則」です。この法則を仮定することで、「地球も太陽の周りを回っているがゆえに、物体は地球の中心に向かって落ちることに矛盾はない」とガリレオは説明します。

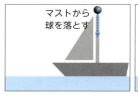
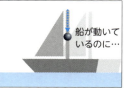
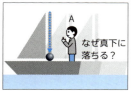

等速に走る帆船のマストの上から球を落とせば、その球は帆船の乗員から見れば、真下に落ちる。帆船を地球に例えて、ガリレオは当時の地動説への疑念を払拭したという。なお、この例え話はガリレオより少し先輩のイタリア人ジョルダーノ・ブルーノ（1548～1600）がすでに用いたという。ちなみに、ブルーノは宗教裁判にかけられ、火刑に処せられた。

この理論も空しく、時の支配的であったアリストテレスの宇宙観「物体は静止するのが本来の姿」に反することで、ガリレオは宗教的な圧力を受けることになります。そして名言「それでも地球は回る」につながるのです。

慣性の法則は力を生む

「慣性の法則」を支えているモノの性質とは一体何でしょうか。それが質量です。質量は地球上で重さと同じ数値で表される量ですが、その値が大きいと慣性（すなわち惰性）の性質が大きくなります。感覚的にいうと、質量が大きいほど「惰性」が大きいということです。

さて、この物質の持つ慣性が「見かけの力」を生むことがあります。それを慣性力といいます。例えば、前に見たバスの例を考えましょう。走っているバスがブレーキをかけると人は前のめりになりますが、その力の源は人がそのまま走り続けようとする慣性です。

慣性力
バスが停車しようとすると、乗客は前のめりの力を受ける。これが慣性力。その大きさは質量に比例する。

この例からわかるように、観測する立場によっては慣性の法則が成立しない場合があります。慣性の法則が成立する立場を慣性系、成立しない立場を非慣性系といいます。

問題にチャレンジ

〔問〕遊園地でクルクル回るコーヒーカップに乗ると、身体が側面に押し付けられますが、それはなぜでしょうか。

［解］回転するカップに乗っている人は慣性の法則のために直線的に進もうとします。そこで、壁に押し付けられる慣性力（遠心力）を感じるのです。(答)

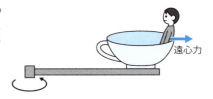

§12

落下の法則

——ピサの斜塔でガリレオが証明したといわれる有名な法則

「慣性の法則」に続いて、再度、アリストテレスに登場してもらいましょう。アリストテレスは次のように主張しました。

「**重い物体ほど速く落下する！**」と。

これも中世のヨーロッパの支配的な考え方でした。これに挑戦したのもガリレオです。

アリストテレスの考え方

いきなりの質問ですが、次の例題に答えてみましょう。

（例題）大小 2 つの鉄球があります。これらを同時に 1m の高さから落とすと、どうなるでしょうか。

（ア）大きく重い方の鉄球が先に地面に着く。

（イ）小さく軽い方の鉄球が先に地面に着く。

（ウ）2 つともほとんど同時に地面に着く。

典型的な中世西欧人の答は（ア）です。それがアリストテレスの自然観だったからです。しかし、ガリレオはこれに疑問を持ち、次の図のような思考実験をしました。

アリストテレスの考えが正しければ、(b) は (a) よりも早く地面に着きます。それでは 2 つを結合したらどうでしょう。二つの考え方ができます。

①結合した球はさらに重い物体になるので、さらに速く落下する。

②軽い物体はゆっくり落ちるのだから、重い物体を引っ張り上げることになり、結合した球は (a) と (b) の中間の速さで落下する。

「重い物体ほど速く落下する」という法則から、全く矛盾するこの二つの結果が得られてしまいます。これはアリストテレスの主張する法則自体に誤りがあることを示します。

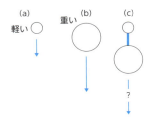

ガリレオの思考実験
重い物体が速く落ちるなら、(c) は最も速く落ちるはずだ。しかし、軽い (a) の物体が足手まといになるので、(c) は (b) より遅くなるのでは…。さて、どちらが正しいのか？

ガリレオの実験

この矛盾を解決するために、ガリレオは次の法則を主張しました。日本では徳川政権が確立する 17 世紀初めの頃の話です。

> 物体が 2 つの定点間を自由落下するときに要する時間は、空気の抵抗を無視すれば、落下する物体の質量には依存しない。

これを**落下の法則**といいます。この主張を確かめるために、ガリレオが行なったとされるのが有名な「ピサの斜塔の実験」です。ピサの斜塔から重さの違う 2 つの鉄球を落とし、同時に着地したことで、自分の説の正しさを主張したといわれます。

特筆すべきことは、この法則の発見過程は現代科学の出発点になっているということです。まず空気抵抗を排した理想的な状態を考え、そこで成立する仮説を設け、それを実験で確かめるという手続きは、現代の正統的な科学スタイルになっています。

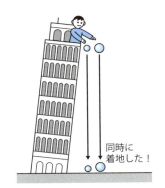

ガリレオの実験のエピソード
「2 つの重さの違う鉄球をピサの斜塔から落とし、同時に着地したことで理論を確かめた」というのは弟子の創作といわれる。

月面で400年後に確認

1971年、米国宇宙船アポロ15号が月面に降り立ったとき、その船長は面白い実験をしました。ハヤブサの羽根とハンマーを用意し、月面上でガリレオの実験をしたのです。そして見事、2者は月面に同時に落下しました。月面では空気抵抗がないので、ガリレオの仮定した理想的な条件が満たされたのです。ガリレオの勝利が約400年後に月面で確かめられました。

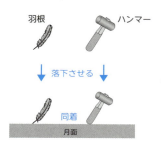

アポロ15号による月面での実験
月面では真空なので、ハンマーと羽根とを区別する要素は何もない。そこでの実験はガリレオの落下の法則を見事証明することになった。

落下の法則のもう一つの法則

ガリレオは先の有名な法則を確かめる実験から、同時にもう一つの法則を発見しています。それが次の法則です。

> 物体が落下するときに落ちる距離は、落下時間の2乗に比例する。

この法則をグラフに示すと、下図のように放物線の関係を示します。

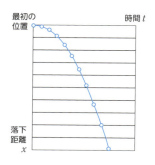

落下距離は時間の2乗に比例
数学的には落下距離 x は落としてからの経過時間 t の2乗に比例するという関係 ($x \propto t^2$) で示される。詳細は§16「運動の第二法則」を参照。なお、∝は「比例する」を表す記号。

この主張を確かめるために、ガリレオは下図のような実験をしました。当時は秒単位で正確に計れる時計などないため、ゆっくり落ちる斜面を利用したのです。時計には水時計の仕組みを利用しました。

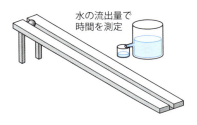

ガリレオの実験装置
斜面を用いたのは、運動を遅くしたいため。

問題にチャレンジ

〔問〕右の図のように水を入れたコップに穴をあけ、コップを高い所から落としてみましょう。コップの水は次の（ア）（イ）のどちらになるでしょうか。

（ア）水は穴から出る　（イ）水は穴から出ない

コップに穴を開ける

［解］（イ）の「水は穴から出ない」が正解。コップも水も同じ速さで落ちるので、いわゆる「無重力状態」になり、慣性の法則が働き、水は漏れないことになります。（答）

メモ

ガリレオ・ガリレイの業績

　ガリレオは本書で調べた「慣性の法則」「振り子の法則」「落下の法則」以外にも、様々な発見・発明をしています。オランダのメガネ職人ハンス・リパシューが1608年に発明した望遠鏡を自作し、太陽の黒点、金星の満ち欠け、木星の衛星、天の川は星の集まり、ということを次々と発見します。ガリレオの作った望遠鏡は、対物レンズに凸レンズ、接眼レンズに凹レンズを使った屈折望遠鏡で**ガリレイ式望遠鏡**といいます。

COLUMN
パスカルの原理を体感

　東京ドームの屋根の総重量400トンを、わずかな気圧差で支えている仕組みを、パスカルの原理の項目（§6）で調べました。その重さを支えているのは、ビルの1階と10階ぐらいの気圧差なのです。理屈ではわかっても、何か納得がいかないのが人情です。そこで、この理屈を体感してみましょう。

　この東京ドームを支える仕組みを理解する実験は簡単にできます。次の図のように、大き目のビニール袋の端にストローを取り付け、ガムテープで密封します。そして、平らな板をのせ、その上に本を重ねます。準備ができたなら、ストローから空気を吹き込みます。すると、本が浮き上がっていきます。パスカルの原理で、息が作る気圧がビニール袋全体にいきわたり、本を持ち上げられるのです。

　東京ドームのような大きな天井が、送風機からの圧力で持ち上げられることが理解できるでしょう。

　いろいろな原理や法則を、このように体験し肌で感じることは、その原理・法則を理解していく上で大切なことです。

第2章
物理はモノの動きから理解

PHYSICS AND CHEMISTRY
LAW
PRINCIPLE
FORMULA

§13

ケプラーの法則
―― ニュートン力学の登場に不可欠となる惑星運行の法則

　冬にはオリオン座が、夏にはさそり座が夜空に輝きます。このようにほとんどの星は季節の移ろいに従い決まった位置にきらめくのですが、例外もあります。惑星です。惑星とは読んで字のごとく「惑う星」で、夜空のどこで光るかを予測するのは困難です。その惑星の動きについて、はじめて体系化を行なったのがケプラー（1571 ～ 1630）です。

惑星の動きが地動説を呼ぶ

　周知のように、ケプラーが彼の名を冠した法則を発表する以前の世界は、天動説、すなわち地球を中心にして天体が動いているという宇宙観が支配的でした。それを**プトレマイオスの宇宙**と呼びます。

　プトレマイオス（83頃～168頃）は西暦2世紀に活躍した天文学者で、下図に示すような宇宙モデルを想定しました。

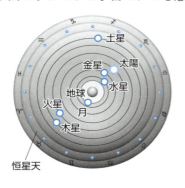

プトレマイオスの宇宙
地球を中心に惑星が並び、その周りを恒星が取り囲む宇宙モデル。

　しかし、この宇宙モデルでは説明しづらいものがあります。惑星の動きです。惑星は恒星の間を縫うように移動し、プトレマイオスの宇宙モデルでは説明できません。

惑星の動き
惑星は恒星の間をフラフラと惑うように移動する。

そこで登場するのが**周転円**を用いた理論です。地球を中心にした円軌道の上を、さらに小さな円を描いて惑星が運行するというモデルです。完全ではないまでも、ある程度は惑星の動きを説明できます。このモデルの持つ「地球が中心」「円」という二つの魔力によって、この宇宙モデルは西欧文明の中心的な正統モデルになります。

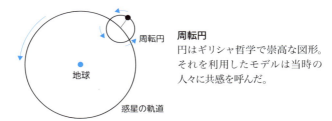

周転円
円はギリシャ哲学で崇高な図形。それを利用したモデルは当時の人々に共感を呼んだ。

この複雑なモデルに対して反旗を翻したのがコペルニクスです。コペルニクスは太陽を中心に考えれば「惑星の運行をシンプルに理解できる」ということを発見したのです。しかし、まだ時代は成熟していませんでした。ケプラーが「ケプラーの法則」と呼ばれる惑星運行の特徴を発表したのはコペルニクスが地動説を提唱してから半世紀以上後の1609年のことです。

ケプラーの第一法則（楕円軌道）

コペルニクスの地動説を利用して、この惑星の複雑な動きを簡単に説明できると考えたのがケプラーです。以下にケプラーの三法則と呼ばれるものを順に見ていきましょう。その最初の法則が**ケプラーの第一法則**です。**楕円軌道の法則**とも呼ばれます。

> 惑星は、太陽を一つの焦点とする楕円軌道上を動く。

この法則は太陽が中心であること、そして惑星の軌道が完全な円ではないことを示しています。

ケプラーの第一法則
宇宙が真円で構成されていないことに当時の人々はショックを受けたという。

地球が中心ではないこと、そして円ではなく楕円ということは、当時としては大変ショックな発表でした。「宇宙を支配する神は地球中心であり、美を好み、円はその最高の美の形」と思われていたからです。

ケプラーの第二法則（面積速度一定の法則）

ケプラーの第二法則は**面積速度一定の法則**とも呼ばれます。

> 惑星と太陽とを結ぶ線分は等時間に等面積を覆う。

これは「惑星と太陽を結ぶ線分が同じ時間に掃く面積は等しい」というものです。つまり、惑星は太陽に接近した時には速く動き、遠のいたときにはゆっくり動く、ということを意味しています。

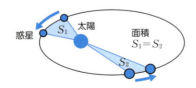

ケプラーの第二法則
惑星は太陽に接近した時には速く動き、遠のいたときにはゆっくり動く。

ケプラーの第三法則（調和の法則）

ケプラーは当時の宇宙観である「宇宙には調和があるはず」という信念を抱き、規則性を探しました。その努力の中で、ケプラーの第三法則

を発見したのです。これは**調和の法則**とも呼ばれます。

> 惑星と太陽の長半径の3乗と惑星の公転周期の2乗の比は一定である。

この第三法則はわかりにくい法則ですが、下図のように縦軸と横軸に10^n単位（$n=-1$、0、1、2）の目盛り（すなわち対数目盛り）を付け、各惑星についてのデータを点で示すと、その特性がよく見えます。

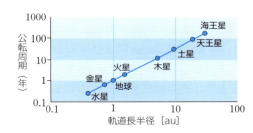

ケプラーの第三法則
このような目盛りのとり方を対数目盛りという。自然は対数を利用すると、その真実を見せてくれることが多い。なお、auは天文単位で、地球と太陽の間の平均距離を単位とする。

ケプラーとティコ・ブラーエ

ケプラーの法則を語るときに、忘れてはならないのが彼の師の**ティコ・ブラーエ**（1546～1601）の業績です。ティコ・ブラーエはそれまでにない精度で天体の位置の測定を行ない、ケプラーの法則をはじめ、近代天文学上のあらゆる進歩の基礎を築きました。ところで、二人の関係は単純な師弟の関係ではなく、かなり複雑で、そのためティコ・ブラーエは大切なデータをケプラーに直接教えなかったといいます。ケプラーは彼の死後、遺族から譲り受けたというのです。

問題にチャレンジ

〔問〕惑星は英語でplanet。この語源はギリシャ語にあるといわれますが、どのような意味でしょうか。

〔解〕ギリシャ語で「さまようもの」の意。（答）

§14

万有引力の法則
──ケプラーの法則とリンゴから、ニュートンが閃いた大発見

　いまでこそ、宇宙を支配する法則と地上の世界を支配する法則は同じであろうということは常識になっていますが、ニュートン（1643〜1727）の時代は、そうではありませんでした。宇宙を支配する法則は「神の住む世界の法則」であり、卑近な地上の法則とは異なる、というのが当時の「常識」だったのです。ちなみに、ヨーロッパでは魔女狩りが行なわれていた時代でもあります。その時代背景を確認しておかないと、ニュートンの「万有引力の発見」の意味は理解できないでしょう。

ニュートンとリンゴ

　ニュートンは「リンゴは落ちてくるのに、なぜ月は落ちてこないのか」に思い悩んだといいます。そして、天上にある月にも地上のリンゴと同じ法則、すなわち「落ちる」という法則が成立すれば、それが解決できることに思い至ります（下図）。

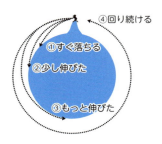

月は落ち続けている
エベレストの山頂から力いっぱい水平に球を投げたとする。球は地球の引力で地面に落ちる。しかし、ある一定の速さ以上で投げると、落ちる球を受け止めるものがない。こうして、球は地球を周回することになる。

　「目の前のリンゴに働く力と同様に天体の動きも説明できる」と気づいたのです。これから有名なエピソード「木からリンゴが落ちるのを見て万有引力の法則が閃いた」が生まれたとしても不思議ではありません。

リンゴの木とニュートンのエピソード
地上でも天上でも、あらゆる物体は引力を受けているという着想は、リンゴの木からリンゴが落ちるのを見て閃いたといわれる。しかし真実かどうかは明確ではない。

ニュートンの万有引力の法則

ニュートンは天体に働く法則も地上の法則で説明できることに気づきました。そこで、「地上の法則」である運動の法則（§16）と「力は距離の2乗に反比例する」という仮定から天体の性質である「ケプラーの法則」を説明しようと試み、見事成功したのです。こうして現代では**万有引力の法則**と呼ばれる次の法則が世に出ることになります。

> 物体間には必ず引力が働き、その力は物体の質量に比例し、物体相互距離の2乗に反比例する。

この引力を**重力**と呼びます。

万有引力の法則を式で表してみましょう。M、m は2つの物質の質量、G は定数（**重力定数**と呼ばれます）、r は2つの物質の重心間の距離とします。すると、引力は次のように表せます。

$$\text{万有引力} = G\frac{Mm}{r^2} \quad (G = 6.6726 \times 10^{-11} \, \text{Nm}^2/\text{kg}^2) \cdots (1)$$

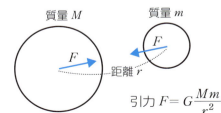

万有引力の法則の公式
質量に比例し、物体相互距離の2乗に反比例するので、(1) のように表現される。

地上の重力と重力加速度

地上での地球の引力 F を考えます。公式（1）から、地上の物体（質量 m）の持つ地球の引力は、次のように表現されます。

$$F = G\frac{Mm}{R^2} = mG\frac{M}{R^2} = mg \qquad \left(g = G\frac{M}{R^2}\right)$$

ここで、M は地球の質量、R は地球の半径です。観測すると、$g=9.8\text{m/s}^2$ の値が得られます。この g を**重力加速度**と呼びます。

質量 m の物体は、地上では常に次の力 F を受けることになります。

$$F=mg \quad (g=9.8\text{m/s}^2)$$

この力が地上で感じる**重さ**です。

反射望遠鏡の発明

ニュートンは運動方程式や万有引力の発見以外にも、現代の科学文明にたくさんの貢献をしています。

天文学上のニュートンの大きな貢献の一つは、**反射望遠鏡**の発明でしょう。それまでの望遠鏡はレンズとレンズを組み合わせた屈折望遠鏡でした。ガリレイ式望遠鏡（§12）でも調べたように、2枚のレンズを組み合わせるもので、大きな望遠鏡を作るには大きなレンズが必要で、それはいまでも困難です。反

反射望遠鏡

射望遠鏡は、大きな鏡と小さなレンズを組み合わせて拡大像を得るもので、鏡はレンズよりも作りやすいというメリットがあります。ニュートン以来、天文台で利用される大きな望遠鏡はほとんど反射望遠鏡です。この発明のおかげで、人類は宇宙の奥まで見ることができるようになり、天文学は飛躍的に発展することになります。

虹の色の数を「7色」と決めたのはニュートン?

　ニュートンといえば力学の研究で有名ですが、光学の研究でも大変有名です。例えば、虹の色の数を「7色」と決めたのはニュートンといわれています。ニュートンは光とは何かについて常に頭を悩ませていました。その研究の中、太陽光をプリズムに通すと分解されて虹が現れること、すなわち光にはさまざまな色の光が含まれていることを発見したのです。その分解された光を順に7色(赤・橙・黄・緑・青・藍・紫)に割り当てたのです。

　ニュートンの著書『光学』では、この光の分解以外に、「光は粒子である」という説が発表されています。光が常にまっすぐ進む性質や、鏡などで反射する性質は、光が粒子だと考えれば理解できることを説いています。しかし、自らが発見したニュートンリング(右図)を説明することはできませんでした。

ニュートンリング
板ガラスにレンズを押し付け、光を当てると同心円の縞模様ができる現象。

問題にチャレンジ

〔問〕地球上で60kgの体重の人は、月の上ではどれぐらいの重さになっているでしょうか。ただし、月の半径は地球の半径の0.27倍であり、月の質量は地球の80分の1とします。

〔解〕月の引力は万有引力の法則から $(1/80) \div 0.27^2 = 0.171……$ より約6分の1倍。よって、体重は月面上で約10kg重。(答)

§15

剛体に対する力のつり合いの法則
―― 合力と力のモーメントがつり合いの条件の鍵

§4 では「質点」について、それに働く「力のつり合いの法則」を調べました。本節では、質点ではなく、形に広がりのある「剛体」について、つり合いの法則を調べましょう。

剛体とは

弾性体や流体とは異なり、形を全く変えない物体を**剛体**といいます。取り付きにくい言葉ですが、「天秤ばかり」や「固い金属の塊」を想定すればわかりやすいでしょう。

さて、その「天秤ばかり」ですが、古代エジプト時代からすでに利用され、つり合いの法則性については知られていました。そのような古代の知識をここでおさらいするわけです。

古代エジプトのパピルスに描かれた天秤ばかり。心臓を天秤に掛ける死者の裁判を表している。

力のモーメントと回転

最初に**力のモーメント**について調べます。これは物体を回転させる能力を表す量です。回転する棒において、棒に垂直な上向きの力 F が回転軸から距離 r の点に働くとき、この力のモーメント M は次のように定義されます。

力のモーメント　$M = r \times F$

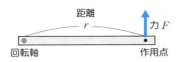

力のモーメントの定義
物体を回転させる能力を表す量で、$r \times F$ と表される。

下図のような場合については各々図に付せられたように定義されます。

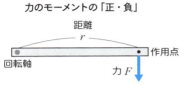

力のモーメントは反時計回りを正、時計回りを負とする。上の図の場合、力のモーメント M は時計回り（負）なので
$$M = -r \times F$$

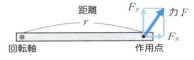

力が棒に斜めに加わるときは、垂直方向の力だけを考える。上の図の場合、力のモーメント M は
$$M = r \times F_y$$

剛体のつり合い

§4 では「質点のつり合い」の条件として、次の法則を調べました。

複数の力 F_1、F_2、F_3、…、F_n が質点 P においてつり合う条件は
$$F_1 + F_2 + F_3 + \cdots + F_n = 0 \quad \cdots (1)$$

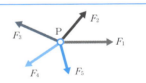

質点は広がりを持たない理想的な物体です。広がりを持つ剛体では、この「力の総和 $= 0$」という条件だけでは足りません。それは下図を見れば明らかでしょう。

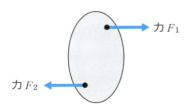

$F_1 + F_2 = 0$ でも剛体はつり合わず、回転する。

剛体のつり合いには、つり合いの条件（1）以外に、さらなる条件が必要になります。その条件を記述するのが力のモーメントです。剛体が回転しないように、「物体を回転させる能力を表す量」の総和が0になるという次の条件が必要なのです。

> 力のモーメントの総和 ＝0 …（2）

以上（1）（2）が「剛体のつり合いの条件」です。
（例）次の天秤ばかりはつり合っています。このとき、力の総和、及び支点Oの周りの力のモーメントの総和は0になります。

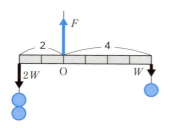

糸の張力をFとすると、つり合っているとき、垂直方向の動きがないので、
　$F=W+2W=3W$（Wは1個のおもりの重さ）
また、回転がないので、支点Oの周りのモーメントの総和も0。すなわち、
　$2×2W-4×W=0$
になっている。

重心と力のモーメント

剛体において、点Gを中心にした重力のモーメントの総和が0になるとき、その点Gを**重心**といいます。棒状や板状の剛体では、その点を支点にすると、その棒はつり合います。鉛直方向に動かないという条件（1）、点Gに関して回転しないという条件式（2）の2つが満たされるからです。ちなみに、物体のつり合いを考えるときは、重力はすべて重心にかかっているとして議論できることが証明されています。

> （例題）厚さが一様な等質の板からできた半径2の円板O_1から、右の図のように半径1の円板O_2を切り抜くとき、残った板の重心Gの位置を求めてみましょう。

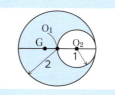

［解］　対称性から、図のようにGを直線O_1O_2上にとることができま

す（$O_1G=x$ と置きます）。円板 O_2 と残った板にかかる重力は面積比に比例するので W、$3W$ と置けます。

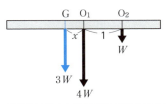

ところで、切り抜く前で考えると、円板 O_1 は静止しているので、O_1 に関する力のモーメントの総和は 0 になります。よって、

各部分に働く力は各部分の重心にまとめられる。

$$1 \times W = x \times 3W \quad \text{から、} \quad x = \frac{1}{3} \quad \text{（答）}$$

力のモーメントとてこの原理

力のモーメントは「物体を回転させる能力を表す量」です。力が小さくても腕の部分が長ければ、同じ回転の能力を示します。それを具体的に応用したのが「てこの原理」（§1）です。下図はそれを利用した「くぎ抜き」を示しています。

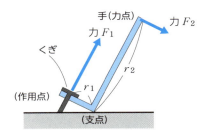

力のモーメントとてこの原理
てこは力のモーメントを利用。左図の場合、釘の受ける力のモーメント $r_1 \times F_1$ と手の与える力のモーメント $r_2 \times F_2$ が等しいので、容易にくぎが抜ける。それは「物体を回転させる能力を表す量」が両者一致したため。

問題にチャレンジ

〔問〕重さの無視できる固い棒の両端に 50g と 20g のおもりが吊り下げられています。図のどの点を指で支えると、この棒はつり合うでしょうか。

〔解〕 点 B（点 B で 2 つのおもりが受ける重力のモーメントの和は 0 になる）。（答）

§16

運動の第二法則
―― 目に見える現象のほとんどはこの法則で説明される

　ニュートンは主著『プリンキピア』において、物体の運動を決める運動の三法則を提示しましたが（§14）、その2番目の法則が「運動の第二法則」です。物体の運動について近代科学の扉を開いたガリレオを引き継ぎ、それを完成し発展させたのがニュートンです。ニュートンは力が働くと、物体がどう動くかという基礎方程式を発見したのです。

力とは……

　力という言葉は実に多様に利用されています。そこで物理学は次のように力を定義します。

> 物体の速度を変化させたり、物体の形を変形させたりする働き。

　換言すれば、物体の速度が変化したり形が変形したりしたら、そこに力が作用したことになります。

力は物体の速度を変化させる
加速させたり変形させたりする作用を力というが、力の定義は難しい。

運動の第二法則

　運動の第二法則は物体の運動と力との関係を結びつける法則です。この法則は次のようにまとめられます。

> 物体の加速度は、物体に加えられた力に比例し、物体の質量に反比例する。式で書くと、加速度 ＝ 力÷質量

物体の質量を m、加速度を a、物体に働く力を F とすると、運動の第二法則は公式として次のように表現されます。

$F=ma$ … (1)

この公式は**運動方程式**と呼ばれます。あらゆる物体の運動を扱うときの基礎方程式として、最も大切な方程式です。

重さと質量——質量はいつでも同じだ

注意すべきことは、運動方程式 (1) の中の m は「質量」であり、重さではないことです。質量とはその物質の固有の値であり、環境によって変化するものではありません。しかし、質量と重さが地球上では一致するため、往々にして「重さ」と誤解されてしまいます。「重さ」は環境によって変化します。

例えば、地球上で 72kg の体重の人を考えます。この人の質量は 72kg です。この人が月面に降りると、月の重力は 6 分の 1 なので体重は 12kg に減ってしまいますが、質量は 72kg のままで不変です。

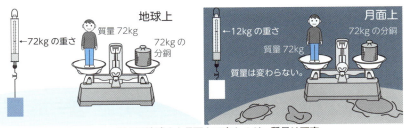

重さは地球上と月面上で変わるが、質量は不変

力を体感するには

運動方程式 (1) は「力」と呼ばれるものの定義でもあります。実際、

国際単位である力の大きさの単位「1ニュートン」(記号でN)はこの式から次のように定義されます。

　1kgの物体に1秒間に秒速1mの加速度を生じさせる力を1ニュートンという。

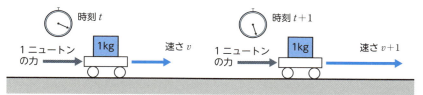

　これでは1ニュートンがどのくらいの力か想像がつきません。そこで、イメージを作るために、地球の重力を利用してみましょう。地球上では、1ニュートンは「100mlの水の重さ」とほぼ一致します。すなわち、紙コップに水を半分程度注いだときの重さです。手のひらにそれを載せて、「1Nとはこの程度の力か！」と体感してみてください。

1ニュートンの力のイメージ
地球上では、1Nはほぼ水100ml (100g)の重さに等しい。紙コップに半分程度水を注いだとき、そのコップの重さが約1ニュートン。

> （例題1）質量3kgの物体を地球上で落下させると、その加速度（重力加速度）は毎秒9.8m/sであることが知られています。この物体に働く重力の大きさFをニュートンの単位で求めましょう。

[解]　前ページの運動方程式（1）に代入して、
　　重力の大きさ $F = 3 \times 9.8 = 29.4\text{N}$　（答）

ニュートンはかり

　力を数値として体感する方法として、上の例では「重力」を利用しました。重力は地球が物体を引っ張る力です。ところで、力を数値として体感するもう一つの方法があります。バネはかりです。特に、**ニュートンはかり**と呼ばれる、ニュートン単位の目盛りが刻まれた中学校の理科

教具を利用するとよいでしょう。このはかりを利用し、1Nを示す目盛りを保つように、おもりを滑らかな面で引っ張ると、手の感じる重さが1Nです。

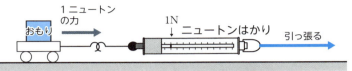

地上では、1kgの重さの物体の受ける重力は約9.8N。中学校では「1Nは約100gの物体に働く重力の大きさ」と教えているが、そのニュートン単位の力を目盛りにしたはかりが「ニュートンはかり」。

文部科学省の定める力の教え方

「ニュートンはかり」という言葉を初めて聞かれた読者も多いでしょう。これには経緯があります。2009年から施行された文部科学省の定める学習指導要領では、中学校理科において次のような記述があります。

> 力の単位としては「ニュートン」を用いること。

この要請に応えた教具が「ニュートンはかり」です。中身は通常のバネはかりですが、目盛りの単位が「ニュートン」になっているのです。

通常のはかりをニュートンはかりに変身させるには、通常のはかりの$x$kgの目盛りを約$9.8x$ニュートンと読み替えればよいでしょう（§14）。

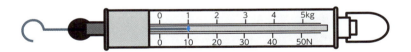

重さのはかりをニュートンはかりにする目盛り
地上で1kgの重さは9.8Nであることを利用して目盛りを付け替える。

地上の自由落下と等加速度運動

重力（地球の引力）だけの力を受けた物体の運動を**自由落下**といいます。

万有引力の法則（§14）から、質量 m の質点が地上で受ける重力は次のように表されます。

$$F=mg \ (g=9.8\mathrm{m/s^2}) \ \cdots (2)$$

この比例定数 g を**重力加速度**と呼ぶことは、万有引力の節で調べました（§14）。この重力（2）を受けて運動する物体について、運動方程式（1）を書き下してみましょう。加速度を a とすると、

運動方程式：$ma=mg$

すなわち、

$$a=g \ (g=9.8\mathrm{m/s^2}) \ \cdots (3)$$

地上で重力を受けて運動する物体の加速度 a は質量によらず一定 g なのです。

このように一定の加速度の運動を**等加速度運動**といいます。

等加速度運動には有名な公式があります。x 軸方向に等加速度 a で運動する点について、時刻 t における速度 v、位置 x は次のように表せるのです。ただし、時刻 0 には原点に静止しているとします。

$$v=at、 x=\frac{1}{2}at^2 \ \cdots (4)$$

（注）公式（4）は速度、加速度の定義から微分積分法を利用して計算で得られます。直感的な証明は章末の COLUMN に解説しました。

自由落下は等加速度運動なので（式（3））、この公式（4）の a に重力加速度 g を代入すれば、その運動の様子がわかります。

（例題2）物体を初速 0 で自由落下させたとき、2 秒後の落下速度 v と落下距離 x を求めましょう。

[解] 公式（4）の加速度 a に（3）の g の値を代入します。$t=2$ から、

$$v=9.8\times2=19.6\,\mathrm{m/s}、 x=\frac{1}{2}\times9.8\times2^2=19.6\,\mathrm{m} \quad （答）$$

運動エネルギー

(4) の第2式の両辺に ma を掛けてみます。

$$max = 1/2\ m(at)^2$$

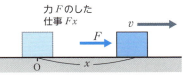

右辺 at は (4) の第1式から速度 v になります。左辺の ma は運動方程式 (1) から力 F になります。

$$Fx = 1/2\ mv^2$$

ところで、左辺 Fx は力 F のした仕事です（§7）。ということは、加速度運動する物体は力 F から仕事をされたのです。

後述（§19）するように、仕事をされた物体はエネルギーをもらいます。このもらったエネルギー $1/2 mv^2$ を **運動エネルギー** といいます。

これは、次のように一般的に成り立つことが証明されています。

質量 m、速さ v の質点の持つ運動エネルギーは $\dfrac{1}{2}mv^2$

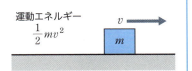

1kgの定義は何？

質量の単位の 1kg はフランスにある「国際キログラム原器」というものが基準です。このキログラム原器と物体をてんびんで比較し、左右がつり合えば、その物体の質量は 1kg とします。

問題にチャレンジ

〔問〕月面で物体を落下させると、その加速度は毎秒 1.6m/s^2 であることが知られています。質量 6kg の物体に働く月面の重力の大きさ F を求めましょう。

[解] 運動方程式 (1) より、$F = 6 \times 1.6 = 9.6\text{N}$（≒地上の1kgの重さ）（答）

§17 運動量保存の法則
―― 子供が大人にぶつかっても、大人は動じない理由

キャスター付きの椅子に枕を持って座り、枕を少し遠くに投げてみましょう。すると、椅子に座っている自分も枕と反対の方向に動き出します。この現象は作用反作用の法則からも説明できますが、ここでは運動量保存の法則で説明してみましょう。

運動量とは

ある物体の**運動量**は次のように定義されます。

> 運動している物体の質量を m、速度を v とすると、その物体の運動量を「質量 × 速度」、すなわち mv と定義する。

（例1）下図は直線上を動く球体の運動量を求めています。左の方向が負になっていることに留意してください。

左図では、運動量は $-8×3=-24$ kgm/s、右図では運動量は $4×10=40$ kgm/s

ピンポン玉が手に当たってもそれほど痛くはありませんが、同じ大きさ・同じ速さの鉄球が手にぶつかったなら、大怪我をします。これからわかるのは、物体の「進もうとする勢い」には速度だけではなく、質量

も大切だということです。そこで、質量 × 速度をその「勢い」を示す量として採用し、運動量と名づけるのです。

質量 × 速度が大切
同じスピードでも、ピンポン玉と鉄球では、それが持つ「進む勢い」が異なる。そこで質量 × 速度をその勢いの指標として採用し、運動量と呼ぶ。

運動量保存の法則

運動量を質量 × 速度と定義した理由は、上記「勢い」以外に、次の大切な性質があるからです。これを**運動量保存の法則**と呼びます。

> 外部から力が加わらない限り、その運動量の総和は不変である。

質量 m_1、m_2 を持つ2物体が直線上で衝突する場合を考えます。外力は受けず、衝突前の速度を順に v_1、v_2、衝突後の速度を順に v_1'、v_2' とします。すると、運動量保存の法則は次のように記述されます。

$$m_1 v_1 + m_2 v_2 = m_1 v_1' + m_2 v_2' \cdots (1)$$

外力を受けずに物体が相互作用をしながら運動しているとき、常に運動量の総和は変わらないのです。

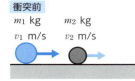
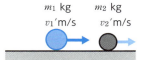

> （例題）質量が 3kg、2kg の2物体が外力を受けずに正面衝突しました。衝突前の速度は順に 4m/s、−5m/s、衝突後の速度は順に −2m/s、4m/s でした。運動量保存の法則が成立することを確かめましょう。

[解] 衝突前後の運動量は次のように表されます。

　　　　衝突前の運動量 $=3×4+2×(-5)=2$
　　　　衝突後の運動量 $=3×(-2)+2×4=2$

こうして、運動量保存の法則が確かめられました。（答）

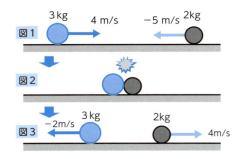

2球の衝突と運動量保存の法則
衝突前の運動量は
$3×4+2×(-5)=2$
であり、衝突後の運動量は
$3×(-2)+2×4=2$
である。衝突前後で運動量は不変。

　注意すべき点は、この衝突で力学的エネルギー（§19）は保存されていないことです。

$$衝突前の運動エネルギー = \frac{1}{2}×3×4^2+\frac{1}{2}×2×5^2=49$$
$$衝突後の運動エネルギー = \frac{1}{2}×3×2^2+\frac{1}{2}×2×4^2=22$$

　運動量保存の法則はエネルギー保存則よりも汎用的な法則なのです。
　さてここで、本節最初の椅子と枕の話に戻りましょう。投げる前では運動量は0です。枕を投げると、運度量保存の法則が成立するので、椅子と人は枕の持つ運動量と反対符号の運動量を持つことになります。こうして、身体は椅子ごと枕と反対方向に進むことになります。

運動の第二、第三法則から説明される

　運動量保存の法則はフランスの哲学者デカルト（1596〜1650）によって発見されました。いまではニュートンの運動の法則から説明することができます。それを確かめてみましょう。
　公式（1）を示したときのように、外力を受けない2つの物体が直線上で影響を及ぼし合う場合を考えます。

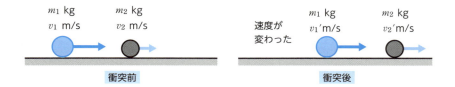

ここで運動方程式「質量 × 加速度 ＝ 力」を考えます。加速度とは速度差を時間で割ったものですが、衝突が行なわれている間、一定の力 F が互いに作用したとして、

$$m_1 \times \frac{v_1' - v_1}{\text{衝突の時間}} = F$$

$$m_2 \times \frac{v_2' - v_2}{\text{衝突の時間}} = -F$$

ここで、相互作用の力が F と $-F$ になっているのは、作用反作用の法則を利用しているからです。これら 2 式を加え合わせると、

$$m_1 \times \frac{v_1' - v_1}{\text{衝突の時間}} + m_2 \times \frac{v_2' - v_2}{\text{衝突の時間}} = F - F = 0$$

両辺の分母を払い、衝突の前後を等式の左辺と右辺に分ければ、

$$m_1 v_1 + m_2 v_2 = m_1 v_1' + m_2 v_2'$$

こうして公式（1）が得られました。

問題にチャレンジ

〔問〕滑らかな板の上に 3kg の鉄球が静止しています（図1）。そこに、左から 1kg の粘土の球が 8m/s の速さでぶつかり、鉄球と一体になって右に動き出しました（図2）。粘土と一体になった鉄球の進む速さを求めましょう。摩擦は無視できるものとします。

[解] 運動量の総和は衝突前で 1×8、衝突後で 4×v。これらが等しいので、v＝2m/s（答）

§18

角運動量保存の法則
——フィギュアスケートの高速スピンの秘密

　回転する物体は「回転をし続けよう」とする性質があります。その回転を続けようとする「勢い」を示す量が角運動量です。物体の運動の「進もうとする勢い」を表すのが運動量だったのに似ています。そして、外から「勢い」を変える力が働かなければ、角運動量は保存されます。

角運動量とは

　点Oと質量mの質点Pが平面上にあるとしましょう。Pの速度をvとし、OPに垂直な成分をv_tとします。このとき、OPとmv_tの積（＝OP×mv_t）を点Oの周りの質点Pの**角運動量**といいます。

> 点Oの周りの質点Pの角運動量 ＝OP×mv_t … (1)

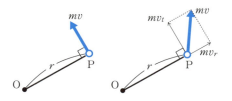

角運動量
左図の場合、OのまわりのPの角運動量は$r \times mv$、右の図の場合には、$r \times mv_t$

　複数の質点の場合、また剛体の場合は、部分ごとに角運動量を算出し、それらを加え合わせたものを全体の角運動量とします。

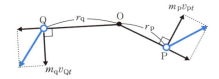

複数の質点、剛体の角運動量
2点P、Qの点Oの周りの角運動量は各々の角運動量の和。左の図でいうと、
$$r_P \times m_P v_{Pt} + r_Q \times m_Q v_{Qt}$$
すなわち部分の角運動量を合わせれば全体の角運動量になる。

角運動量保存の法則

　最初に述べたように、角運動量は回転をし続けようとする「勢い」を示す量です。その勢いを変化させる力が働かなければ、勢いに変化は生じません。前ページの図からわかるように、質点と点 O を結ぶ線に垂直な力が働かなければ、すなわち外から作用する力のモーメント（§15）がなければ、点 O の周りの角運動量は時間によらず一定になります。これを主張したのが**角運動量保存の法則**です。

外力のモーメントが 0 のとき、角運動量は保存される。

　注意すべき点は、外力が働いても「角運動量保存の法則」は成立する場合があることです。その代表的な場合が中心力です。地球の重力や点電荷のクーロン力がこれに相当します。このような中心力は力のモーメントに寄与しないからです。

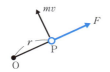

中心力の場合、その中心 O の周りの角運動量の保存法則は成立。このような力は回転をし続けようとする「勢い」に変化を与えないからだ。

角運動量保存の法則の応用例

　運動量保存の法則と異なり、「角運動量保存の法則はわかりにくい」といわれます。そこで、次の二つの事例で調べてみましょう。

（例1）フィギュアスケート選手のスピン

　フィギュアスケートの演技では、高速にスピンするのが一つの見せ場です。その高速スピンの秘密が角運動量保存の法則です。軸足を O として、O の周りの角運動量を考えてみましょう。このとき、外力のモーメントが近似的に働かないので、体全体の角運動量は保存されます。そこで、回転してから手足をすぼめると、体のスピンは速くなります。全体の角運動量を一定にするため、角運動量の式（1）の OP が小さくなる分、速度 v_t を大きくする必要があるからです。こうして、スケー

ターは高速スピンを実演します。

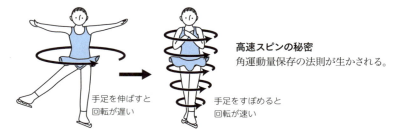

高速スピンの秘密
角運動量保存の法則が生かされる。

手足を伸ばすと回転が遅い
手足をすぼめると回転が速い

　ところで、フィギュアスケートの選手にならなくても、簡単にこの演技を体験できます。手足を広げて回転椅子に座り、軽く床を蹴って足を床から浮かし回転してみればよいのです。そして、手足をすぼめてみましょう。座っている身体は高速スピンを開始します。

手足を伸ばすとゆっくり回転する
手足をすぼめると高速に回転する

椅子で高速スピンを体験
簡単にフィギュアスケート選手の感覚を味わえる。

（例2）ヘリコプターのテールローター
　多くの小型ヘリコプターには「テールローター」と呼ばれる補助プロペラが後方部に取り付けられています。これが無いとどうなるでしょう。最初は静止した状態を考えます。すると、総角運動量は0です。ここでメインローターと呼ばれる主プロペラを反時計回りに回転させてみましょう。すると、総角運動量を0にするため、機体本体は時計回りに回転し始めてしまいます。これを抑えるのがテールローターの役割なのです。
　ちなみに、模型のヘリコプターの多くは2枚のメインローターを上下逆回転させることで、機体の安定を保たせる方法をとっています。

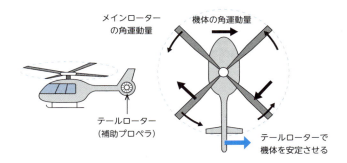

ケプラーの第二法則と角運動量

　ケプラーの第二法則は「面積速度一定」でした（§13）。これは中心力における角運動量保存の法則から見ると明らかな現象です。下図を見てみましょう。一定の微小時間 Δt に描く面積は△OPQ で、その面積は $r \times v_t \Delta t / 2$ で近似されます。ところで、$r \times v_t$ は O の周りの点 P における角運動量に比例しますが、それは中心力の中なので保存されます。すると、微小時間 Δt に描く面積は一定、すなわち面積速度は一定ということになります。

ケプラーの第二法則
中心力における角運動量が一定ということから明らかな法則になる。

問題にチャレンジ

〔問〕無重力の宇宙船の中で、結合した 2 つの磁石を引き離し、ある程度の距離のところで止め、正面衝突しないように軽く初速を与え、手を離します。2 つの磁石はどのような運動をするでしょうか。

〔解〕角運動量保存の法則があるので、回転して引っ張り合いながら速さを増し、最後はくっつきます。（答）

18 角運動量保存の法則

§19

力学的エネルギー保存の法則

―― 運動エネルギーと位置エネルギーの和は保存される！

　「エネルギー不足」「環境に優しいエネルギー」など、エネルギーという言葉は使う方も聞く方も、なんとなく理解している気分で用います。しかし、改まって「エネルギーとは」と問われると、困惑してしまうのも確かです。

仕事とは

　エネルギーを定義する上で必要な言葉が**仕事**です。物理や化学の世界で用いられる「仕事」は、日常で利用される仕事とは意味が異なります。

　日常では「仕事」を広範な意味で用いますが、物理や化学で用いる「仕事」は次のように単純に定義されます（§7）。

> **仕事 = 物体の移動方向の力の成分 × 物体の移動距離**

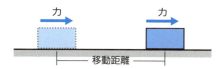

「力×その力によって動いた移動距離」
を仕事という。

　力が移動方向に対して斜めに加えられているときには、その移動方向に力を分解し、分解された力と移動距離の積を仕事とします。

移動方向に対して斜めに加えられた力の仕事は
移動方向の力 × 移動距離

下図で、仕事が 0 でないのは、右端のみです。普段の仕事の意味では、それ以外もそれなりに努力し仕事をしているようにも思えますが、物理的には仕事をしているとはいえません。

右端の滑車で荷物をゆっくり持ち上げたとき、人のした仕事 W は

$W=$ 重力（すなわち重さ）× 高低差

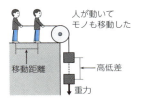

エネルギーとは

物理や化学の世界では、ある物体が持っているエネルギーを次のように定義します。

> エネルギー ＝ その物体が持つ仕事をする能力

あまりピンと来る表現ではありませんが、このように定義されるエネルギーは科学の世界では最も大切なアイデアの一つです。ここでは 2 つのエネルギーについて、この定義に即して調べてみましょう。

運動エネルギー

運動している物体はその運動そのものがエネルギーになります。下図で、バネが付けられたブロックに球が右側から衝突する場合を考えます。すると、バネの力に反発しながら、ブロックは左に押されます。まさに、運動する球はブロックに対して仕事をしたわけです。運動する球は「仕事をする能力」、すなわちエネルギーを持つことになります。

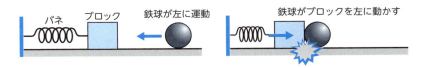

このように、運動している物体が持つエネルギーを**運動エネルギー**といいます。このエネルギーは式で次のように表現されます（§16）。

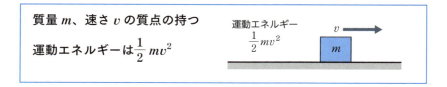

質量 m、速さ v の質点の持つ運動エネルギーは $\frac{1}{2}mv^2$

位置エネルギー

斜面に球を留め、そして放してみましょう。球は転がり出します。高い位置にあるものが運動エネルギーに変身したのです。物体の位置というものがエネルギーになるのです。これが**位置エネルギー**です。

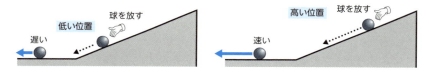

物体の位置というものがエネルギーになる。より高い位置から転がすと、より球の速さ（すなわち運動エネルギー）は大きくなるので、高い位置の方が位置エネルギーは大きいことになる。

さて、この位置エネルギーは重力が原因です。もう一つ有名なのがバネの力が生む位置エネルギーです。次の図はバネに球を押し付け、そして放した図です。球はバネに押され右に転がっていきますが、バネの持つ位置エネルギーが球の運動エネルギーに転化されたと考えられます。

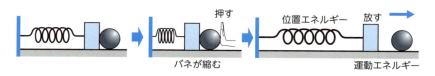

力学的エネルギーの保存法則

運動エネルギーと位置エネルギーを併せて**力学的エネルギー**といいます。この力学的エネルギーには大変面白い関係が成立します。摩擦を考

えなければ、考える対象において次の関係が成立するのです。

> 運動エネルギー＋位置エネルギー ＝ 不変

これを**力学的エネルギーの保存法則**と呼びます。

これを体験するには遊園地のジェットコースターに乗るとよいでしょう。位置エネルギーが運動エネルギーに変換され、そしてその逆が起こることがよく理解できます。

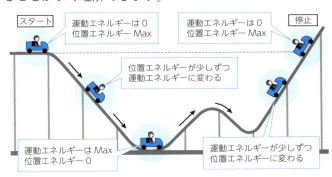

レールや空気などとの摩擦を無視すれば、ジェットコースターは出発した高さまで行き着く。

問題にチャレンジ

〔問〕地上 h m の高さに m kg の球があります。地上から見たとき、この球の持つ位置エネルギーを求めましょう。ただし、重力加速度は g（約 9.8m/s^2）とします（§14）。

[解] 球を支えながらゆっくり引き上げましょう（速さがあっては、運動エネルギーも勘案する必要があるからです）。その支える力 W は
  $W=mg$
高さ h だけ引き上げると、この球を支える力 W は次の量だけ仕事をしたことになります。
  仕事 $=Wh=mgh$
よって、高さ h の球の持っていた位置エネルギーは
  mgh （答）

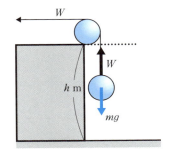

§20 ガリレイの相対性原理

——アインシュタインの相対性理論の出発点となる大切な原理

地球上の自然法則と電車の中の自然法則、宇宙船の中の自然法則はすべて同じなのでしょうか。結論は「ガリレイ変換で結ばれている慣性系同士は同じ」です。

ガリレイ変換の公式

座標系 O′ が座標系 O に対し x 軸方向に一定速度 V で移動しているとき、座標系 O から見た質点の位置 x と、座標系 O′ から見た質点の位置 x' との間には、次の関係が成立します（ただし、$t=0$ のとき、両座標系は一致していると仮定します）。これを**ガリレイ変換**といいます。

$$x' = x - Vt \quad \cdots (1)$$

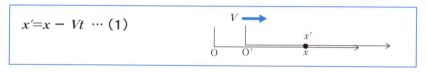

この変換公式の成立する理由を、電車の中の人 P′ と駅のホームにいる人 P の関係を例にして調べましょう。x 軸方向に等速度 V で走っている電車にはリンゴが置いてあるとします。電車の中の人 P′ の座標系ではリンゴは位置 x' に、ホームにいる人 P の座標系ではリンゴは位置 x にあるとします。そして、時刻 $t=0$ では下図のように 2 つの座標系の原点 O、O′ は一致していたとします。

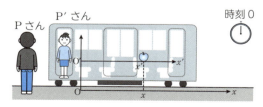

時刻 0 で、2 つの座標系は x 軸方向に見て重なっているとする。

時間が t だけ経過したとします。すると x 軸方向に見て（下図）、

$$OO' + x' = x$$

このとき、等速度運動なので OO' は Vt と表せます。これから変換公式（1）が導き出せるのです。

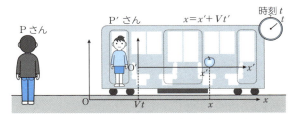

公式（1）は、一定速度 V で直線運動する電車の中にいる人 P′ と、その外の人 P の位置関係と同じ。時刻 0 で 2 者 P、P′ の位置が一致しているとき、時間 t だけ経過すると、OO' は Vt となる。これから（1）が導出できる。

ガリレイ変換における速度の変換公式

原点 O′ が O に対し一定速度 V で移動しているとするとき、座標系 O から見た質点の速度 v と、座標系 O′ から見た質点の速度 v' との間には、（1）から次の関係が数学的に証明できます。

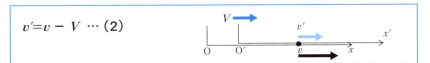

$$v' = v - V \quad \cdots (2)$$

この速度の変換式（2）は江戸の昔から利用されていたアイデアです。例として、流水算と呼ばれる次の有名な問題を解いてみましょう。

> （例題）ある船が、24km の川を下るのに 3 時間、同じ川を上るのに 4 時間かかりました。この船の静水時の速さと、川の流れの速さを求めましょう。ただし、川の流れも船の速度も一定とします。

[解] 最初に和算の解法（すなわち流水算）で解いてみましょう。
まず、速度を算出します。
下りの速さは 24÷3＝8km/h、上りの速さは 24÷4＝6km/h（答）

これから、

$$\begin{cases} \text{静水時の船の速さは} \quad \dfrac{8+6}{2}=7 \text{ km/h、} \cdots (3) \\ \text{川の流れの速さは} \quad \dfrac{8-6}{2}=1 \text{ km/h} \cdots (4)\text{（答）} \end{cases}$$

以上が和算による解法です。この（3）（4）をガリレオ風の式に表現してみましょう。船の静水時の速さを v、川の流れの速さを V とすると、速度の変換式（2）を往路と復路で利用して、題意は次のように表せます。

$$v + V = 8、v - V = 6 \cdots (5)$$

これを解いたのが（3）（4）なのです。

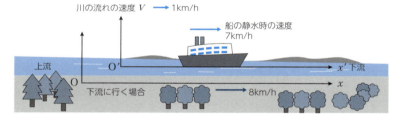

ニュートンの運動方程式はガリレイ変換で不変

話を戻しましょう。最初の図のように、駅のホームに人Pが立っているとします。この人は慣性系、すなわち慣性の法則が成立する世界に身を置いていると考えられます。そこに急行電車が等速度でまっすぐな駅を通過したとします。

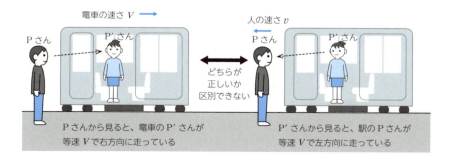

このとき、急行電車の人P′も慣性系、すなわち慣性の法則が成立する世界に身を置いていることになります。というのは、2人のP、P′はどちらが互いに動いているか区別することはできないからです。P′にとっては、電車が止まっていて、駅のPが動いていると考えることも可能です。こう考えると、ガリレイ変換とはこれら2つの慣性系を結びつける変換式になっているのです。

　ところで、慣性系に優劣はありません。いまの例でいうと、ホームの人Pと電車の中の人P′と、どちらが理想的な慣性系にいるかなど区別できないのです。ということは、「2つの世界における物理法則は同じ」でなければなりません。ガリレイ変換の言葉を用いるなら、2つの慣性系で成立する物理法則はガリレイ変換で形を変えてはならないのです。この要請を**ガリレイの相対性原理**といいます。ニュートンの運動方程式 $F=ma$（§16）はこの要請を満たしています。

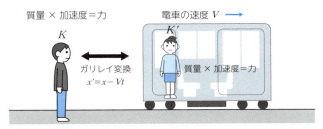

ガリレイの相対性原理
ガリレイ変換で結ばれている慣性系同士の世界で、物理法則は変わらない。これは運動方程式が速度ではなく加速度で記述されていることに由来する。

問題にチャレンジ

〔問〕時速60kmで直線上を走っている電車の中で、乗客が球を時速10kmで進行方向に投げたとき、地上の人が見る球の速さはいくらでしょう。

［解］　公式(2)から、60＋10＝70km/時（答）

§21

コリオリの法則
――台風が左回りなのはなぜ？

　「北半球において大砲を撃ったとき、その弾道が標的よりもわずかに右にずれる」という法則があります。この砲弾の方向を変える力が**コリオリの力**です。この力が作用することを**コリオリの法則**と呼びます。このコリオリの力について調べましょう。
　（注）コリオリはフランスの科学者（1792～1843）の名です。

慣性力（見かけの力）の復習

　コリオリの力を調べる前に、慣性力の復習をしましょう。コリオリの力は慣性力の一つだからです。
　先に調べたように、質量のある物質には慣性の法則が成立します（§11）。この慣性の法則、すなわちその状態のまま留まりたいという性質が、観測する立場によっては力を生むことがあります。それが**慣性力**です。前にも例として取りあげた一番身近な次の現象で復習しましょう。
（例）走行中にブレーキをかけたバスの中
　等速で直進しているバスがブレーキをかけたとき、乗客は力もないのに前にのめります。これが慣性力です。

道に立って眺めている人には慣性の法則で前に進もうとしているだけの性質が、バスの乗客には力に思えるのです。

フーコーの振り子を回転させるのはコリオリの力

地球の自転を確かめるのに「フーコーの振り子」が有名です（§10）。本来一定のはずの振り子の振動面が、地上から見ると、回転してしまう現象をいいます。この振動面を回転させる力の正体は地球の回転であることを調べましたが、この力こそが**コリオリの力**なのです。

フーコーの振り子

地球の自転が生むコリオリの力

コリオリの力は先の大砲の話でも述べたように、次のように表現されます。

> 地球の自転によって生じるコリオリの力は、物体の進行方向に対して直角に働き、北半球では右向き、南半球では左向きである。

この意味を調べるために、地球上の点A（北緯60°東経0°）から真南赤道上にあるターゲットにねらいを定め、砲弾を撃った場合を考えます（空気抵抗は無視します）。なお、速さは1時間に10度の緯度を進むとします（単位時間に図の網目を上下に1マス進むことを意味します）。

1時間ごとに、砲弾の動きを追ってみましょう。次ページの図1A～図7Aは地球上の

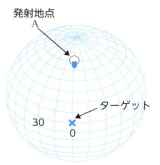

人間が見たときの砲弾の軌跡です。それに対して、宇宙遠方で静止している宇宙船から見た砲弾の動きが図1B～図7Bです（上側が北極で、地球は反時計回りに回転しています）。

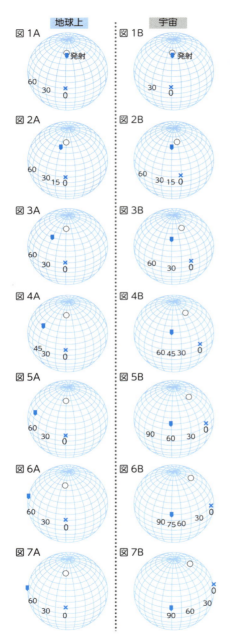

地球が回転しているので、「地球上」の観測系では砲弾が次第に西に流されていきます。それを図1A〜図7Aは表しています。それに対して、「宇宙」の静止系（慣性系）では砲弾が1直線に南下していますが、地球は回転しています。それを図1B〜図7Bが表しています。地球上で見たとき、砲弾を西に流している見かけの力、これこそがコリオリの力なのです。

図1A〜図7Aを一つの図にまとめてみましょう。また、南半球の同緯度同経度地点（南緯60°、東経0°）から同様に大砲の弾を目的地（赤道上東経0°）に向けて発車した場合の砲弾の軌跡も、同じ地球の図に示しました。この図からわかるように、**コリオリの**

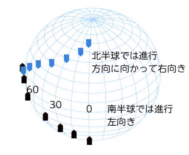

コリオリの力の向き
地上で観測した図。コリオリの力の向きは、北半球では進行方向に向かって右向き、南半球では左向き、ということがわかる。

力の向きは、北半球では進行方向に右向き、南半球では左向きとなります。

台風の風向きが反時計回りの理由

低気圧に吹き込む風は、北半球では左回り（反時計回り）となります。これもコリオリの力で説明できます。低気圧は周囲より気圧が低いので、その中心に向かって空気は移動しようとしますが、コリオリの力のために右側に力を受け、結果として下図のように反時計回りに運動することになります。

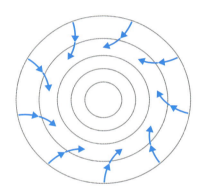

台風に吹き込む風
同心円は等圧線。空気は気圧の高低から中心に吸い込まれる力を受けるが、コリオリの力で進行方向に向かって右に向かう力を受け、結果的に反時計回りに進む。

問題にチャレンジ

〔問〕等速で反時計回りに回転する滑らかな円盤の中心から紙面上方向にボールを転がしたとき、ボールはどのように進んで見えるでしょうか。円盤上の人と、円盤の外の人に分けて調べましょう。

［解］次の図の通り。円盤上では、右に力を受けているように見える。（答）

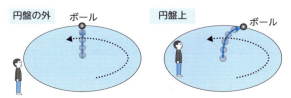

§22

ベルヌーイの定理
―― 飛行機が飛べるのもこの定理のおかげ

　飛行機の翼はどうしてかまぼこ型の断面なのでしょうか、飛行機の速さはどうやって測るのでしょうか、これらの疑問に答えるのが**ベルヌーイの定理**と呼ばれる基本法則です。

流線を描いて考える

　物質の代表的な状態の分類として液体、固体、気体があります。ベルヌーイの定理はその気体と液体（まとめて**流体**といいます）についての法則です。

　流体といってもサラサラしたもの、ドロドロしたものなど様々です。ベルヌーイの定理が対象にする流体は完全にサラサラと流れる性質があるものです。このような流体を**完全流体**といいます。ベルヌーイの定理はこの理想的な流体について成立する基本的法則なのです。

　流体を考えるとき**流線**を描くとイメージがつかみやすくなります。流線とはその上の各点における接線が流体の速度方向になるような曲線です。簡単にいえば、流線とは流れの1点を時間的に追って行った軌跡です。そして、その流線を適当に束ねた管のようなものを**流管**といいます。

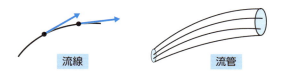

流線　　　　　　流管

ベルヌーイの定理はエネルギー保存則から

　ベルヌーイの定理はエネルギーの保存法則からすぐに導出できます。次の図に示す細い流管の一部 AB を考えてみましょう。

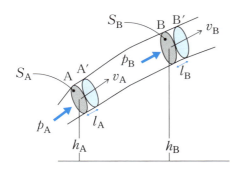

1本の流線を中心にした細い流管

　ABの両端の断面積を S_A、S_B とし、各面の「高さ」を h_A、h_B とします。それがほんの少しの時間経過後、A′B′ に移動したとします。すると、AA′、BB′ の流管部分の運動エネルギーと位置エネルギーの和は順に次のように与えられます。

$$\frac{1}{2}(\rho S_A l_A)v_A{}^2 + (\rho S_A l_A)gh_A,\ \frac{1}{2}(\rho S_B l_B)v_B{}^2 + (\rho S_B l_B)gh_B \cdots (1)$$

確認のため、これらの算出公式を下図に示します。

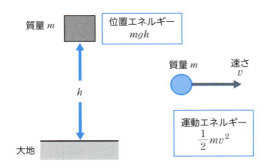

運動エネルギーと
位置エネルギーの公式
運動エネルギーの公式と位置エネルギーの公式 (§19) の m に $\rho S_A l_A$、$\rho S_B l_B$ が入る。

　さて、このわずかな時間に、AB両端の流体の中の圧力は両端の断面積 S_A、S_B を各々 l_A、l_B だけ押す仕事（§7、§19）をしたことになるので、それらの仕事量は次のように表せます。

$$(S_A p_A)l_A,\ (S_B p_B)l_B \cdots (2)$$

　エネルギーの保存法則から、(1) のエネルギーの差は流体の圧力によって A の部分が押し出された仕事と、B の部分の流体を押し出した

仕事の差（2）に一致するので、次の関係式が成立します。

$$\{\frac{1}{2}(\rho S_B l_B)v_B{}^2 + (\rho S_B l_B)gh_B\} - \{\frac{1}{2}(\rho S_A l_A)v_A{}^2 + (\rho S_A l_A)gh_A\}$$

$$= (S_A p_A)l_A - (S_B p_B)l_B \cdots (3)$$

ところで、流体の密度が一様で流体の入った流量と出た流量は等しい（途中で溜まらない）とすると、

$$S_A l_A = S_B l_B \cdots (4)$$

(3)(4) から、次の関係が導出されます。

$$\frac{1}{2}\rho v_A{}^2 + \rho g h_A + p_A = \frac{1}{2}\rho v_B{}^2 + \rho g h_B + p_B \cdots (5)$$

A、B は任意の点であり、流管は極細いと仮定されているので、(5)から、次の定理が得られます。これが**ベルヌーイの定理**です。

> 　密度 ρ の流体がサラサラと流れるとき、1 本の流線上で次の関係が成立する。ここで v、h、p は対象の位置における流体の速度、高さ、圧力であり、g は重力加速度（§14）である。
>
> $$\frac{1}{2}\rho v^2 + \rho g h + p = 一定 \cdots (6)$$

粘度がある流体ではこの保存則が成立しません。しかし、近似として多くの流体でこの公式が利用できることが知られています。

(6) で大切なことは**流体の速さが増すと圧力が低下**するということです。これは流体力学の様々なところで応用されます。

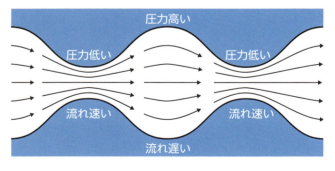

流速増で圧力低下
ベルヌーイの定理(6) から、流体の速さが増すと圧力が低下する。

飛行機の飛ぶ原理

　ベルヌーイの定理は、飛行機が飛ぶ主要な原理になっています。下図の翼の断面を見てください。4本の流線が描かれていますが、進行方向の遠方Aではどの流線も（6）式の「一定」値を共有しています。それが翼に来ると、翼の後ろBで同時に合流するために、上2本の流速は下2本の流速よりも大きくならなければなりません。こうして、ベルヌーイの定理から翼の上側では圧力が下がり、結果として翼には揚力が働くことになるのです。

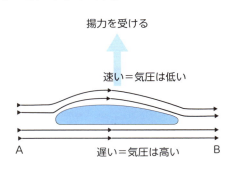

飛行機の飛ぶ原理
翼はかまぼこの断面の形をしていて、上を行く流体が速く走るようになっている。こうして翼の下の部分の圧力が（相対的に）高くなり、翼は揚力を受ける。

ボールが曲がる理由

　野球やサッカーなどの球技で、ボールにスピンをかけ、そのボールを曲げる技が利用されます。このこともベルヌーイの定理から説明できます。下図を見ればわかるように、例えば進行方向に時計回りのスピンをかけると、図上側の流体の速度が増し、ボールは曲がる力を受けます。

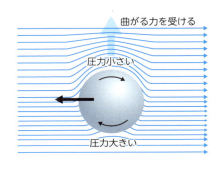

ボールがカーブする理由
ボールの回転のために、図の上側の方が下側よりも流体の速さが大きくなる。そのため、ベルヌーイの定理から下の圧力が（相対的に）高くなり、ボールは曲がる力を受ける。

飛行機の速度計の仕組み

飛行機が飛ぶ仕組みはベルヌーイの定理に大きく依存していますが、その速さの測定もこの定理に依存しています。

翼において、先端部は流速が0になります。この圧力を翼の「全圧」と呼びます。また翼の上側の流速は飛行速度になりますが、これを翼の「静圧」と呼びます。全圧と静圧には流体の速度の違いによる圧力差が生まれます。この圧力を測定すれば、ベルヌーイの定理から流体の速度（相対的には翼の速度）が算出できるのです。

この全圧と静圧の違いによる測定法を具体化するのが**ピトー管**です。ピトー管は飛行機には欠かせない測定器です。

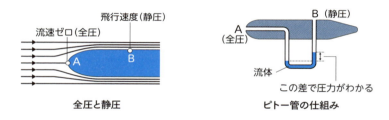

全圧と静圧　　　　　　　　　ピトー管の仕組み

キャビテーションもベルヌーイの定理から

戦争やＳＦの映画で、潜水艦が水中を航行しているとき、スクリューから泡が出ているシーンがあります。それから発射される魚雷の軌跡にも泡が発生しています。あの泡の秘密はベルヌーイの定理で説明されます。実際、海中には豊富に泡を立てる空気などありません。あの泡の正体は常温で「沸騰」した水蒸気なのです。

スクリューの高速回転で周りの流体は速さが増し、ベルヌーイの定理からその圧力が下がってしまいます。圧力が下がると沸点が下がります（§48）。スクリューが高速回転だと、その圧力は常温以下になってしまうことがあるのです。こうして、スクリューの周りで水が沸騰し、水蒸気の泡が発生します。この現象を流体力学では**キャビテーション**(cavitation) といいます。

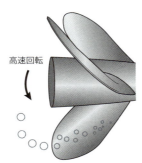

キャビテーション
スクリューの高速回転から、周りの流体も高速に流れる。すると、ベルヌーイの定理から圧力が下がる。その結果、海水の沸点が下がり、常温でも沸騰する。これが泡の正体。

誤解の多いベルヌーイの定理

ベルヌーイの定理ほど、誤解されやすい科学法則はないかもしれません。例えば右の図に示す実験が有名です。蛇口から水を出しスプーンを触れると、水に吸い込まれます。「これこそがベルヌーイの定理」と説明する文献が多くありますが、それは誤りです。そもそもスプーンの反対側に流線はありません。

粘性を持つ流体が曲面に触れると、曲面を吸うような力が働く効果を**コアンダ効果**といいます。スプーンが吸われるのはこの効果によります。

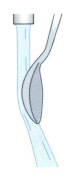

問題にチャレンジ

〔問〕水を溜めた充分に大きく浅い水槽があります。水面から深さ h の所に小さい穴をあけたとき、穴から吹き出す水の速さ v を、ベルヌーイの定理を用いて求めましょう。

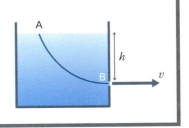

［解］図のように2点A、Bを考えます。(6) 式で、Aでは $h=h$、$v=0$、Bでは $h=0$ なので（p は共通）、$1/2\rho v^2 = \rho gh$。これから、$v = \sqrt{2gh}$（これを**トリチェリの定理**といいます）。（答）

§23

ドップラー効果
――救急車が通り過ぎると音程が変化する原因

　道の信号待ちをしているときに救急車が通り過ぎると、通過前と通過後でサイレンの音が違って聞こえます。高い音が低くなるのです。これが**ドップラー効果**です。

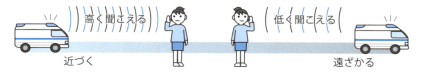

近づく　　　　　　　　　　　　　　　　　　　　遠ざかる

　音の高低が変化するということは、音の周波数が変化するということです。この周波数の変化の公式を求めることにしましょう。

波についての復習

　準備としてまず波について復習します。
　波には「縦波」と「横波」があります。波の媒質が波の進行方向に振動する波を**縦波**、進行方向に横に振動する波を**横波**といいます。音波は縦波、光や電波、水面を伝わる波は横波です。

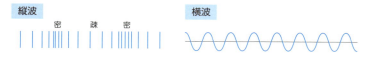

左が縦波のイメージ。右が横波のイメージ。縦波は疎密波ともいわれる。

　波はそれを伝える媒質の各点の周期的な運動です。したがって、各点の位置の移動（**変位**といいます）だけを考えれば、縦波も横波も理論的には同一に扱えます。そこで、イメージの描きやすい横波で波の理論は解説されるのが普通です。

縦波は媒質の各点が進行方向に平行、横波は垂直に動く。動き（変位）だけを考えれば数学的に同一なので、波の説明には描きやすい横波がよく利用される。

さて、波には**波長**、**振動数**（**周波数**ともいいます）、波の**速さ**という基本要素があります。波長とは波の繰り返しの基本単位の長さです。振動数（＝周波数）とは単位時間にどれだけ波が繰り返されるかを表し、単位は Hz（ヘルツ）で表します。波の速さとは単位時間に波が伝わる距離をいいます。

いま、振動数 10Hz（すなわち 1 秒間に 10 回振動する）の横波を考えましょう。その波の速さは 20m/s とします。この波をある瞬間、速さの長さ分、写真に撮ったとします（下図）。

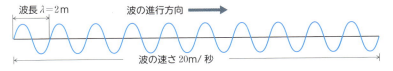

図に示すように、波の基本単位の長さ λ を**波長**といいます。この例では、1 秒間に 10 回振動し、波の速さは 20m/s なので、次の関係が成立しています。

波の速さ 20(m/s)＝波長 2(m)× 振動数 10(回/s)

このことは一般的に成立し、次のようにまとめられます。

> 波長 λ、周波数 ν が速さ c で伝わるとき、 $c=\lambda\nu$ …（1）

これを**波の基本公式**と呼びます。

(例題 1) 波長 10cm の音波の周波数 ν を求めましょう。

[解] 音速を 340m/s として、$\nu=c/\lambda=340/0.1=3400$ Hz（答）

ドップラー効果の公式（波源が動くとき）

　準備が整ったので、ドップラー効果の公式を求めることにします。以下では、話を具体的にするため、音について考えます。そして音速を c、周波数（＝振動数）を ν、波長を λ の記号で表します。

　まず、音源が周波数 ν_0 で近づいてきた場合を調べましょう。下図は音源 A が速さ v で観測者 P に近づく様子を、1 秒間だけストロボ写真風に 4 コマで描いています。1 秒後に音波は P に届くとしています。

　ここで、右端の図を拡大してみましょう（右図）。音源 A と観測者 P の間 AP に含まれる波の数は元の波の周波数 ν_0 と同じです。また、AP の距離は $c-v$ なので、P が観測する波の波長 λ' は次のように表せます。

c は音速、v は音源の速さ。
AP＝$c-v$ の部分に ν_0 個の波の単位が含まれる。

$$\lambda' = \frac{c-v}{\nu_0}$$

　ところで、波の基本公式（1）から、P が観測する振動数 ν' は次のように求められます。

$$\nu' = \frac{c}{\lambda'} = \frac{c}{(c-v)/\nu_0} = \frac{c}{c-v}\nu_0 \quad \cdots (2)$$

　音源が遠のいていくときには、音源 A の速さ v の符号を負にすればよいことは、先の図からわかります。

（例題 2）音速を 1225km/h、救急車の速さを 50km/h とします。目の前の道路で救急車のサイレンを聞いたとき、向かってくるときと遠ざかるときでは、原音の何倍の周波数で音を聞くでしょうか。

[解] 公式（2）から、向かってくるときの周波数 ν_1'、遠ざかるときの周波数 ν_2' は次のように求められます。

$$\nu_1' = \frac{1225}{1225-50}\nu_0 = 1.04\nu_0 \quad 、 \quad \nu_2' = \frac{1225}{1225+50}\nu_0 = 0.96\nu_0$$

向かってくるときには約 1.04 倍、遠ざかるときには約 0.96 倍の周波数になることがわかります。（答）

ドップラー効果の公式（観測者が動くとき）

次に、音源は停止し、波の観測者 P が速さ u で波の進行方向に移動している（音源から遠ざかる）場合を考えましょう。

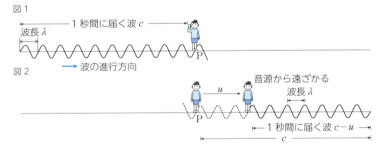

図 1 は観測者 P が現在いる位置を示します。その P の左側には、観測者が止まっているときに、これから 1 秒間に観測すると想定される波を表示しています。

その下の図 2 は 1 秒後の様子を示しています。観測者 P は紙面右に u だけ進んでしまうので、最初に音を聞いてから聞き終わった間の距離は $c - u$ になります。観測者 P が感じる波の振動数 ν'' は、1 秒間に収まる波長の個数であり、その波長 λ は不変なので、次の関係が成立します。

$$\nu'' = \frac{c-u}{\lambda}$$

波の基本公式（1）から λ を消去して、

$$\nu'' = \frac{c-u}{\dfrac{c}{\nu_0}} = \frac{c-u}{c}\nu_0 \qquad \cdots (3)$$

これが、観測者が遠のいているときの周波数の変化の公式です。

観測者が音源に近づいていくときには、Pの速さ u の符号を負にすればよいことも、以上の議論から同様に導き出されます。

（例題3）急行電車が駅のホームを通過しました。音速を 1225km/h、電車の速さを 100km/h とします。乗っている客は、ホームに入るときと去るとき、原音の何倍の周波数で駅の放送音を聞くでしょうか。

［解］　公式（3）から、ホームから去るときの周波数 ν_1''、ホームに入るときの周波数 ν_2'' は次のように求められます。

$$\nu_1'' = \frac{1225-100}{1225}\nu_0 = 0.92\nu_0 \ , \ \nu_2'' = \frac{1225+100}{1225}\nu_0 = 1.08\nu_0$$

ホームに入るときには約 1.08 倍、ホームから去るときには約 0.92 倍の周波数になることがわかります。(答)

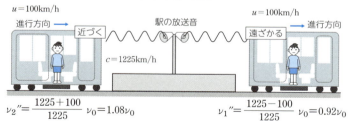

ドップラー効果を応用する

ドップラー効果は実用上大切な物理現象であり、実際いろいろな場で利用されています。その原理は単純で、対象から伝わる波の振動数を調

べ、公式（2）（3）を適用して対象の動きの様子をつかみます。

（応用例1）スピードガン

野球やテニスのテレビ中継で、画面にボールのスピードが表示されます。おかげでプロ選手の素晴らしさを知ることができます。これを実現する装置が**スピードガン**です。近年、廉価なものなら1万円未満で買えるので、少年野球でも活躍しています。

普及型のスピードガンの多くは超音波を発信し、その反射波の周波数の変化を測定し、公式（2）から球速を算出しています。

（応用例2）ドップラーレーダー

大きな空港には**ドップラーレーダー**という観測装置が備えられています。これはダウンバーストと呼ばれる強い下降気流を測定し、飛行機の発着を安全にするための観測装置です。気流に電波を当て、その反射波の周波数変化を測定し、公式（2）から風の動きを調べます。

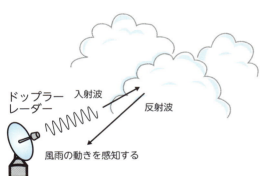

ドップラーレーダー
雨粒や氷粒の分布以外に、その動きまで捉えられる。

問題にチャレンジ

〔問〕10m/s で進んでいる観測者の後方から、周波数960Hzの音を出す救急車が20m/s の速さで近づいてくるとき、観測される音の周波数 ν はいくらでしょうか。音速は340m/s とします。

〔解〕公式 (2)(3) から、$\nu = \dfrac{340-10}{340} \times \dfrac{340}{340-20} \times 960 = 990\text{Hz}$（答）

§24

波の重ね合わせの原理
――粒子にはない波の本質的な性質

　波は現代物理学において最も重要な基本現象の一つですが、この現象の最大の特徴が「**波の重ね合わせの原理**」です。この原理について詳しく調べましょう。

波の山と谷

　「波の重ね合わせの原理」を語る際に、波の山、谷、変位という言葉が使われます。右の図は典型的な波（正弦波）を描いていますが、これらの意味を図示しました。

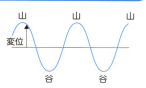

波の重ね合わせの原理

　波はそれを伝える媒質の周期的な運動です。その媒質の位置の移動を**変位**といいますが（上図）、この変位について次の法則が成立します。

> ２つの波が重なると、それらの変位を単純に加え合わせたものが重なった新たな波の変位になる。これを波の重ね合わせの原理という。

　例えば、右と左から２つの波の山が来たとしましょう（図ではわかりやすくするために、波の１つの山だけを描いています）。すると、変位（この図の場合は波の高さ）を単純に加えたものが新しい波となります。結果的にはスルッと通り抜けていくのです。これを**波の独立性**と呼びます。

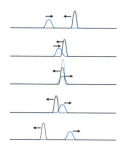

この実験はお風呂で簡単にできます。左右の手のひらで水面に軽く波を立てると、左右から生まれた波はこの図のように運動するのが観察できます。

波の干渉

　先の図のように、結果だけを見ると、波は互いに独立に運動するように見えます。しかし、実際に波が重なっているところでは**波の干渉**という大切な性質が現れます。すなわち、2つの波が重なったとき、2つの波の山と山が一致したときに、波の変位は大きくなります。それに対して、一方の山と他方の谷が一致したとき、波の変位は相殺されて消えてしまうのです。粒子にはない波独特の性質です。

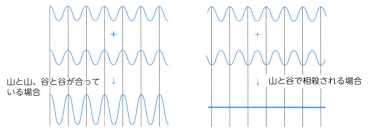

　左図は2つの波の山と山が一致した場合で、重ね合わせの原理から波は強めあう。右図は山と谷が一致した場合で、重ね合わせの原理から波は消えてしまう。これらを**波の干渉**という。

簡単な波の干渉実験

　再びお風呂で実験してみましょう。

　最初は人差し指を水面に立て、ゆっくり上下に揺らしてみましょう。右に示すようなきれいな同心円状の波紋ができるでしょう。

　このような波紋ができたことを確認したなら、次に右手の人差し指と中指を離して、水面に立てます。そして、上下に振動させてみましょう（次ページ図のP、Qが人差

1点から出た同心円状の波紋

し指と中指の位置)。次のような波紋ができるはずです。

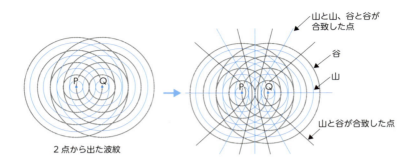

2点から出た波紋

人差し指と中指の作った波の山と山、谷と谷が重なったところは高い山と深い谷になり、曲線として現れます(数学的に双曲線になります)。この曲線の出現こそが波の干渉のわかりやすい証拠なのです。

うなり──波長の長い波

波長のわずかに違う2つの波を重ねてみましょう(下図の上の2つの波)。すると、一番下のグラフが示すように、波長の長い波が現れます。この現象を**うなり**といいます。

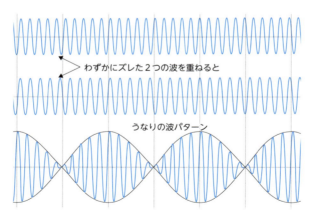

うなり
振動数がわずかにズレた波を重ね合わせると、見かけ上、大きな波長(すなわち小さな振動数)を持つ波が生まれる。

「うなり」といっても、風が強いときに「電線がうなる」というときのうなりとは仕組みが異なります。電線が風でうなるのは渦を発生させているからです。

ラジオの放送に重ね合わせは不可欠

AMラジオでは**振幅変調**と呼ばれる技術を使って音声信号を電波に乗せています。

人に聞こえる音はおよそ20Hzから20kHzであり、波の基本公式（§23）から、そのまま電波にすると波長はキロメートル単位になってしまい、受信するには非現実的です。なぜなら、アンテナの長さは波長の半分という基本公式があるからです。

そこで、実際の電波は1MHz程度の電波と重ね合わせ、合成波として放送します。こうすることで、アンテナの長さが実用的な範囲内に収まり、ラジオでその放送波を受信できるようになります。

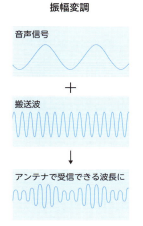

問題にチャレンジ

〔問〕水面に油が浮くと、太陽光は虹色に反射します。どうしてそのような現象が起こるかを考えてみましょう。

[解] 太陽光は様々な波長の光を含んでいます。油膜の手前で反射した光と、油膜を通ってから反射した光が伝わる距離の違いで干渉を起こしますが、光の波長によって山と山、山と谷になる距離が異なり、ある色は強めあい、ある色は弱めあって、様々な色が現れることになります。これが虹色に見える原因です。この現象は光が波であることの有力な証拠になります。(答)

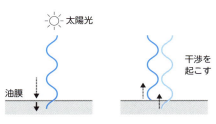

§25

ホイヘンスの原理と反射の法則
―― 波の伝播の本質を語るのに不可欠な原理

波は媒質を介してどのようにして伝わっていくのでしょうか。オランダの科学者ホイヘンスは1678年にその本質的な答を見出します。

波面、平面波、球面波

ホイヘンスの原理を知るためには、まず波面、平面波、球面波という言葉を知っておく必要があります。

波の山の部分、谷の部分を結ぶと直線や平面、球などの図形を描きます。この図形を**波面**といいます。その波面が平面や直線状のものを**平面波**、球や円状のものを**球面波**といいます。もちろん、これら以外の波もいろいろありますが、これら2つが基本となります。特に平面波において、波面に垂直で波の進行方向を示す線を**射線**と呼びます。

ホイヘンスの原理

ホイヘンスの原理は次のように表現されます。

> **ある時刻の波面上の各点から球面波が発生し、それらが重なって次の時刻の新たな波面が作られる。**

波は球面波という子供を生んで世代をつないでいくという見方が、この「ホイヘンスの原理」です。

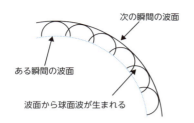
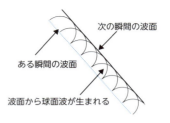

抽象的でわかりにくいので、いくつかの例で確かめてみましょう。

波の回折

最初の例として、波の前に小さな穴の空いた壁を置く実験をしてみましょう。右の図のように波は小さな穴からしみ出し、その穴からは球面波が広がっていきます。ホイヘンスの説の正しさがよくわかります。

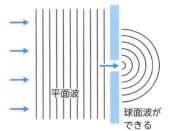

次の例として、平面波の進行方向に障害物を置いてみましょう。波は障害物に出会ったとき、障害物の裏側（影の部分）に回り込む性質があります。実際にお風呂の浴槽で実験してみることをお勧めします。

このように、進行する波が障害物に出会ったとき、障害物の裏側（影の部分）に回り込む現象を波の**回折**といいます。前節で調べた「重ね合わせの原理」と同様、粒子の運動にはない波独特の性質です。

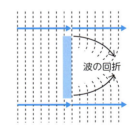

この回折現象もホイヘンスの原理から容易に説明がつきます。壁の縁から新たな球面波が発生しているからです。

ドアを開けていると、人が見えなくてもその人の声が聞こえます。これも声が空気の波だからです。ドアからその波が回折したのです。

反射の法則

波は壁にぶつかると粒子のように反射します。実際、入射平面波の射

線と壁面の法線とのなす角（**入射角**）を i、反射波の射線と壁面の法線とのなす角（**反射角**）を j とすると、次の関係が成立するのです。これを**反射の法則**といいます。

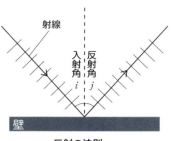

反射の法則

> **入射角 i と反射角 j は等しい。**

ちなみに、光は波の性質を持ち、反射の法則が成立します。
（例）鏡に反射して見えるリンゴと本物のリンゴは、反射の法則から、鏡面に関して対称になります。鏡でリンゴを見るとき、あたかも鏡の向こうに本物のリンゴが実在するように見えるのは、この反射の法則のおかげなのです。この鏡の向こうのリンゴを実物のリンゴの**虚像**といいます。

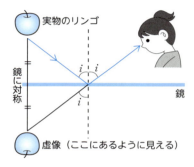

反射の法則をホイヘンスの原理で証明

反射の法則が成立する理由はホイヘンスの原理から明快に説明されます。次ページの図左のように、入射角 i で入射する平面波と、その2本の射線 $α$、$β$ を考えます。最初に壁面に到着した $α$ は、ホイヘンスの原理から P を中心に球面波を発生させます。遅れて $β$ が Q に到着したとき、Q からその球面波に接線 QA を引きます。波面の定義から、その QA が新波面となって反射していきます。以上の様子を描いたのが右側の図です。この図からわかるように、幾何学的に $i=j$ が示されます。

（注）△APQ と△BPQ の合同を利用します。

2本の射線 $α$、$β$ の描き方は任意です。したがって、平面波全体で入射角 i と反射角 j とが等しいことが証明されるのです。

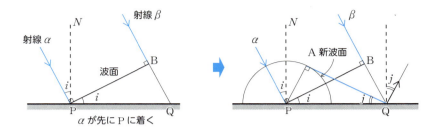

平面波において、射線 α、β を考える。P に α が到着してから少し遅れて β が Q に到着するが、先に到着した波が作る P を中心とした球面波の半径は QB に等しい（すなわち PA＝QB）。これと、新波面 AQ が球面波に接することを利用して、入射角 i と反射角 j が等しいことを証明できる。

乱反射と鏡反射

以上で調べた反射は理想的な壁面での反射です。これを**鏡反射**といいます。この反対の場合として、例えば雪上での光の反射のように、反射波に規則性が見られない場合があります。これを**乱反射**といいます。現実の場合、反射はこれら2種の中間の性質を持ちます。

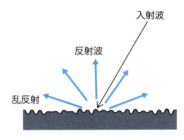

問題にチャレンジ

〔問〕身長 160cm の人の全身を映す鏡が欲しいとき、鏡の高さは最低何 cm 必要でしょうか。

〔解〕つま先を見るには、反射の法則から、足のつま先から目の高さの半分の位置に鏡が必要。また、髪の毛を見るにも、目と頭頂の半分の位置に鏡が必要。そこで、身長の半分の高さの鏡が最低必要になります。よって、80cm の高さの鏡が必要になります。（答）

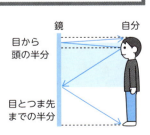

§26

屈折の法則
――メガネやカメラのレンズ設計に必須の法則

　メガネやカメラのレンズは光の屈折を利用して光の進む方向を曲げ、光をコントロールしています。本節では、この「光の屈折」について調べることにしましょう。

屈折とは

　光は透明でムラのない物質の中ではまっすぐに進みます。例えば空気やガラス、水の中などです。ところが、空気と水、水とガラスなどのように性質の異なる物質の境界で斜めに差し込む光は折れ曲がります。この現象を**屈折**といいます。

　例えば、コップに水を入れ、そこに斜めに箸を入れると、その箸が水面のところで折れ曲がって見えます。これは水と空気の境目で起きた光の屈折が原因です。

屈折の法則

　光は波と考えられます。屈折が起きるとき、その光が折れ曲がる角度には一定の決まりがあります。右の図のように媒質Ⅰから媒質Ⅱに平面波が屈折して通過したとします。入射平面波の射線が境界面の法線となす角（入射角）i と、屈折波の射線が境界面の法線となす角（**屈折角**）r の正弦比には次の関係が成立するのです。

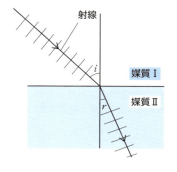

$$\frac{\sin i}{\sin r} = n_{12} \quad \cdots (1)$$

（注）三角関数 sin については、本節末の〔メモ〕を参照してください。

右辺の定数 n_{12} の値を媒質Ⅰに対する媒質Ⅱの**屈折率**と呼びます。

この公式（1）を**屈折の法則**といいます。特に光の場合は、発見者に因んで**スネルの法則**と呼ぶこともあります。

（注）スネルはオランダの科学者（1580～1626）。光でない場合でも、屈折の法則をスネルの法則と呼ぶ場合もあります。

屈折の法則をホイヘンスの原理から証明

屈折の法則が成立する理由はホイヘンスの原理から明快に説明されます。下図左のように、入射する平面波において、境界面と2点 P、Q で交わる射線 α、β を描き、その入射角を i とします。最初に境界面に到着した α は、ホイヘンスの原理から P を中心に球面波を発生させます。β が Q に到着したとき、Q からその球面波に接線 QA を引きます。波面の定義から、その QA が新波面となります。以上の様子を描いたのが下図右です。

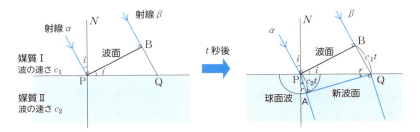

ここで、媒質Ⅰ、Ⅱにおける波の速さを c_1、c_2 とし、B から Q に波が到着に要する時間を t としましょう。すると、図からわかるように、

$\triangle$PQB で $\sin i = \dfrac{\text{QB}}{\text{PQ}} = \dfrac{c_1 t}{\text{PQ}}$ 、 $\triangle$PQA で $\sin r = \dfrac{\text{PA}}{\text{PQ}} = \dfrac{c_2 t}{\text{PQ}}$

これから、$\dfrac{\sin i}{\sin r} = \dfrac{c_1}{c_2}$ $\cdots$ (2)

2本の射線 α、β の描き方は任意です。したがって、平面波全体で関係（2）が成立します。こうしてホイヘンスの原理から屈折の法則が証明されました。

式（1）と式（2）とを見比べてください。屈折率とは「媒質における波の速さの比の値」であることがわかります。

光の屈折率

この場合、媒質Ⅰとして真空を考え、そこでの光速を c とすると、式（2）は次のようになります。

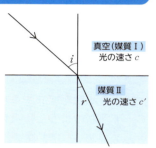

$$\frac{\sin i}{\sin r} = \frac{c}{c'} \cdots (3)$$

ここで、c' は媒質Ⅱにおける光の速さです。

この右辺は媒質特有の値で、その**物質の屈折率**と呼び、通常 n で表されます。この n を用いると、(3)は次のように表現されます。

$$\frac{\sin i}{\sin r} = n \quad (ただし、n = \frac{c}{c'}) \cdots (4)$$

入射光は真空を通ると仮定していることに注意してください。真空中の光が最速なので、(4)式の屈折率 n は通常 1 より大きくなります。

屈折率 n は素材の特性を知る上で大変重要な値です。以下に代表的な身の周りの物質の屈折率を示しましょう。

媒質	屈折率n	備考
真空	1	真空を1と定義
地球の大気	1.00029	
水	1.333	
ポリカーボネート	1.59	CD、DVDの素材
ダイヤモンド	2.42	屈折率大なのでよく輝く
水晶	1.54	

（注）屈折率は光の波長によって多少異なります。光学材料の屈折率は波長 589.3nm の光について示すのが普通です。

メガネ用のプラスチックレンズの屈折率は 1.5 〜 1.8 程度です。値が大きいほど薄いレンズが作れるので、屈折率はレンズの大切な特性です（右の図）。

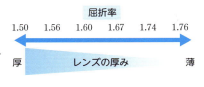

蜃気楼も屈折の法則から

例えば春の富山湾では、太陽で暖められた空気が陸から海面に流れて来ます。そして、海面近くには冷たい空気の層が、その上に暖かい空気の層ができます。すると、本来なら上空に向かう光が、冷たい空気と暖かい空気の境界で屈折し、地表に戻ることがあります（「屈折の法則」から、光は屈折率が大きい冷たい空気の方に曲がろうとする性質があります）。そのため、遠くの光景が異なった見え方をする場合があるのです。これが**蜃気楼**です。

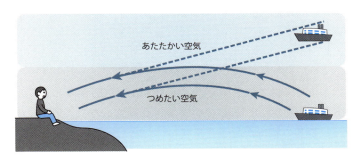

ちなみに、蜃気楼は地表が暖かく、上空が冷たい場合にも起こります。「逃げ水」現象がそのよい例です。

全反射と光ファイバー

水中から空中を見上げると、水面が鏡のように反射して外が見えないことがあります。これを**全反射**といいます。この理由も屈折の法則から説明できます。いま、プールの底から水面を見上げる場合を考えましょう。水の屈折率は 1.33（前ページの表）とし、また空気は真空で近似します。すると、屈折の法則の式（4）は次のようになります。

$$\frac{\sin i}{\sin r} = \frac{1}{1.33} = 0.75 \quad \cdots (5)$$

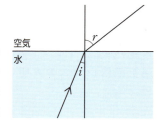

　屈折率を定義したときは真空から物質への光の通過でしたが、このプールの問題ではその逆になります。そこで、公式(4)の分母と分子の役割が入れ替わっていることに注意しましょう。

　ここで問題が起こります。入射角 i が大きくなり、$\sin i$ が 0.75 より大きくなると、公式(5)から $\sin r$ は1より大きくなる必要があります。しかし正弦(sin)の値は1を超えられません（次ページの〔メモ〕を参照）。そこで、屈折の公式(5)は意味を失うのです。その様子を下図で見てみましょう。

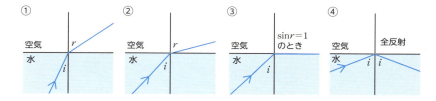

　(5)からわかるように、入射角の正弦 $\sin i$ が 0.75 のとき、$\sin r$ は1です。それを上の図③が表しています。計算すると、入射角 i が 48.6°のとき、この③の状況が起こります。

　こうして、③の場合よりも入射角が大きくなるとき、光は行き場を失い、境界で反射するのです。これが「**全反射**」です。

　この全反射の現象は現代の情報社会を支えています。光ファイバーの基本原理になっているからです。

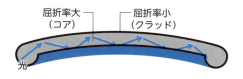

光ファイバーの基本原理
全反射を繰り返し、光は曲がった光ファイバーの中も漏れずに伝播する。

124

問題にチャレンジ

〔問〕風のない晴れた冬の夜に、遠くの電車の音が近くに聞こえることがあります。夜は静かなので当たり前ですが、もう一つの原因として音の屈折があります。どのような仕組みでしょうか。

［解〕風のない晴れた冬の夜では、放射冷却が起こり地表が冷やされ、上空の方が気温が高くなります。気温が高いと音速は大きくなります。そこで、屈折の法則から、上空に行くほど音は広がるように進みます。遠くの音が近くに聞こえるのはこのためです。（答）

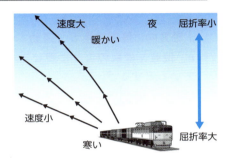

メモ

三角関数の正弦 sin の復習

右図のように C を直角とする直角三角形 ABC があり、3 辺の長さを a、b、c とします。底角 A の大きさを x とするとき、正弦 $\sin x$ は次のように定義されます。

$$\sin x = \frac{a}{c} \quad (0 \leq x \leq 90°) \quad \cdots (1)$$

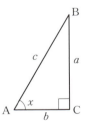

図からわかるように、斜辺 c は必ず辺 a よりも大きいので、このように定義された $\sin x$ の値は次の式を満たします。

$$0 \leq \sin x \leq 1$$

ただし、図から $x=0°$ のとき $a=0$ と考えて、(1) を用いて、

$$\sin 0° = 0$$

また、図から $x=90°$ のとき $a=c$ と考えて、(1) を用いて、

$$\sin 90° = 1$$

COLUMN
等加速度運動の公式の証明

§16 では、等加速度運動には有名な公式を利用しました。

> x 軸方向に等加速度 a で運動する点について、時刻 t における速度 v、位置 x は次のように表せる。ただし、時刻 0 には原点に静止しているとする。
> $$v=at、x=\frac{1}{2}at^2 \quad \cdots (1)$$

微分積分法を利用すれば簡単に証明できますが、ここではそれを使わずに証明してみましょう。

加速度は速度の変化の割合ですが、それが一定 a なので、初速 0 のもとで時刻 t の速度 v は次のように表せます（右図）。

$$v=at \quad \cdots (2)$$

こうして、(1) の第一式が示されます。

さて、時刻 t_1 において、速度 v の質点の微小時間 Δt における変位は

$$v\Delta t$$

これは、右の網のかかった長方形の面積に一致します。すべての時間でこのことが成立するので、微小時間 Δt の幅を小さくすると、右の図の△OAB の面積が時刻 0 から t までの変位、すなわち質点の位置 x になります。

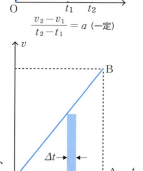

$$x = \triangle \text{OAB の面積} = \frac{1}{2}t \times at = \frac{1}{2}at^2 \quad \cdots (3)$$

(2)(3) から (1) が示せました。

第3章
「電気」を理解すれば技術のキホンがわかる

PHYSICS AND CHEMISTRY
LAW
PRINCIPLE
FORMULA

§27

クーロンの法則
――電気の知識において、基本中の基本の法則

　クーロンの法則は現代の電磁気理論の最も基本となる法則です。電気の歴史を振り返りながら、その意味を考えてみましょう。

クーロンの法則の前夜

　紀元前600年頃、自然哲学者タレスは「琥珀を動物の毛皮でこすると、特殊な状態となってごみやほこりを吸い寄せる」ことを発見したといいます。そして1600年頃、イギリスの科学者ギルバート（1544～1603）は電気と磁気の力の違いを見抜き、電気を electricity と呼びました。これが現代の電気・磁気の出発点となります。ちなみに、electricity はギリシャ語の琥珀（エレクトロン）からの造語です。

　それからも電気と磁気の研究は遅々としたものでしたが、1746年オランダのライデン大学にいたミュッセンブロクが**ライデン瓶**を発明し、電気がためられるようになってからは、電気の研究は急速に進むことになります。ライデン瓶はガラス瓶の内と外に金属箔を貼り付け、内側の金属に静電気をためる構造をしています（下図）。

　この瓶のおかげで電気には正と負の2種の状態があり、同種の電気

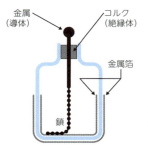

ライデン瓶
右の図は電気をためる仕組み。現代のコンデンサーと同じである。

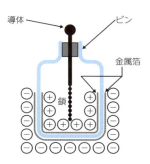

は反発し、異種の電気は引き合うということが知られるようになりました。こうして、電気に関するクーロンの法則の発見の準備ができたのです。

目を転じて磁石について調べましょう。西欧では紀元前 600 年頃、ギリシャのマグネシア地方に天然の磁鉄鉱が産出し、これが鉄製品を引きつけることが知られていました（磁石の英語「マグネット」はこの地名に因んでいるといわれます）。同じ頃、中国でも磁石が発見されましたが、それは南北を指す道具＝**羅針盤**となり、西欧に伝わって大航海時代を実現する道具になります。

初期の羅針盤
初期の頃は、磁化した針をコルクに刺し、水面に浮かべて使用した。

磁気の研究は電気以上に遅れました。磁気についての本当の理解をするには現代の量子力学が必要で、この力学が生まれるまでは理解が困難だったことが大きな原因でしょう。磁気に関するクーロンの法則の発見前夜はこのような状況だったのです。

クーロンの法則

摩擦の法則の中で、クーロンの名の付く法則を取り上げましたが（§2）、ここでは彼の名をさらに有名にする法則を紹介します。電気同士、磁気同士に働く力の法則です。1787 年に発見されたこの公式は次のようにまとめられます。

> 2 つの点電荷（点磁荷）に働く力は互いに等しく、それら電気量（磁気量）の積に比例し、その間の距離の 2 乗に反比例する。力の方向は点電荷同士（点磁荷同士）を結ぶ直線上にある。

この「距離の 2 乗に反比例する」という法則（**逆 2 乗の法則**）はニュートンの万有引力のところでも調べました（§14）。「距離が遠ざかれ

ば力が弱くなる」ことは日常的な常識です。その弱まり方が逆2乗の法則に従うと主張するわけです。

クーロンの法則を式で表現してみましょう。2つの点電荷 q、Q があり、互いの距離が r の位置に置かれているとしましょう。このとき、作用する力の大きさ F は次のように表されます（磁気の場合も同様です）。

$$F = k\frac{qQ}{r^2} \quad (k \text{ は比例定数})$$

点電荷と点磁荷

ここで、点電荷、点磁化という言葉の意味を補足します。**点電荷**とは電気を帯び大きさが限りなく小さい粒子を意味します。このとき、クーロンの法則は下図のようなイメージになります。

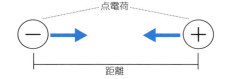

電荷に関するクーロンの法則
「働く力は互いに等しく、方向は点電荷同士を結ぶ直線上にある」は作用反作用の法則（§3）の一例。

点電荷は理想的なモデルであり、マクロの世界で存在しないのですが、理論をわかりやすくするために便利です。

点磁荷はさらにその理想化を進めます。電荷の場合と異なり、磁石ではN極とS極という磁極は単独に存在しません。しかし、そのような磁極が単独に存在すると考え、点電荷と同様に扱うのです。このときクーロンの法則は下図のようなイメージになります。

磁荷に関するクーロンの法則
点磁荷というものは本来単独では存在しないが、モデルとして捉えると力の関係をよく説明できる。

クーロンの法則の発見を可能にした「ねじり秤」

　大きな研究成果の裏には、常にそれを支える測定器があります。クーロンの法則の発見を担った測定器は何だったのでしょうか。それが**ねじり秤**です。

　ねじり秤は後の研究でも重要な働きをするので、仕組みを調べておくことにしましょう。構造の概略を下図に示します。図からわかるように、電気の微量の変化を水晶糸のねじりで表現します。微小な力の違いを測定するには画期的な秤です。後に続く科学者は、この秤のおかげで様々な発見をすることができました。

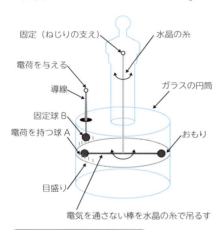

ねじり秤
内部の見えるガラス円筒の中で、電気を通さない棒を水晶の糸に吊るす。棒の一方には電荷を持つ球Aを固定し、他方にあるおもりでバランスをとる。さらに、もう一つの固定球Bを取り付け、外から帯電できるようにする。帯電した球A、B間の力は水晶の糸をねじる。そのねじりの度合いはガラスに刻まれた目盛りで読み取れる。

問題にチャレンジ

〔問〕正に帯電した2つの点電荷の間に働く力を測定したら大きさがFでした。これらの電荷の距離を元の半分にしたら、力の大きさは何倍になるでしょうか。また、距離を元の2倍にしたら、力の大きさは何倍になるでしょうか。

〔解〕クーロンの法則から、順に$\dfrac{1}{0.5^2}=4$倍、$\dfrac{1}{2^2}=\dfrac{1}{4}$倍（答）

§28

オームの法則
―― 回路設計の基本となる法則

　電気の持つ能力は電気回路・電子回路の中で力を発揮します。回路によって、電気は光になったり、音になったり、はたまた人工知能になったりするのです。その回路の設計の基本になるのが「**オームの法則**」です。この法則について調べましょう。

オームの法則とは

　オームの法則とは1827年、ドイツの科学者オーム（1789～1854）が発見した法則です。現代風に表現すると、次のようになります。

> 導体に流れる電流の量は、その導体の両端にかかる電圧に比例し、その導体の抵抗に反比例する。

　導体とは電気を流す物質のことです。金属が代表的です。さて、この法則は式で表現した方が、多くの人には親しみ深いかもしれません。導体に流れる電流を I、その導体の両端にかかる電圧を V、その導体の抵抗を R とすると、次のように記述されます。

$$V=RI$$

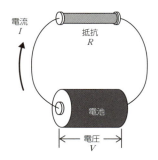

オームの法則
導体に流れる電流を I、その導体の両端にかかる電圧を V、その導体の抵抗を R とすると、次の関係が成立する。
　　$V=RI$

このオームの法則には、オーム自身が発案したといわれる有名な覚え方があります。次の図のように円の中に V、R、I を書き込むのです。

オームの法則の覚え方・使い方
図のように V、R、I を配すると、V に指を置いて $V=RI$、R に指を置いて $R=\dfrac{V}{I}$、I に指を置いて $I=\dfrac{V}{R}$ の関係がすぐに読み取れる。

よく知られているように、回路の中で抵抗はよくギザギザマークで、電池は2本棒で表されます。下図で確認しておきます。

回路の記号
左の回路で、オームの法則 $V=RI$ が成立。なお、現在は抵抗は ─\/\/\/─ ではなく ─☐─ の形が推奨されている。

水流モデルからわかるオームの法則

オームの法則は水流のイメージとして理解できます。例えば、上記の回路は下図のような水流として解釈できます。

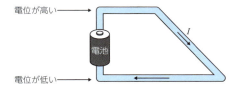

水流モデル
電池をポンプと見立てれば、電流は水流のイメージで理解される。水位は電位と読み替えられる。

この図で、**電位**という考え方がよくわかります。水は「水位」の高い方から低い方に流れます。この水位に相当するのが電位です。抵抗のある回路では、電位が高い方から低い方に電流が流れると考えられるのです。そして、その電位の差が**電圧**です。

「水位の差」が大きいほど水はよく流れます。水位の差の大きい滝は小さい滝よりも水が勢いよく流れています。同様に、電位の差が大きいほど、すなわち電圧が大きいほど、電流はよく流れます。実際、次ページの図のように、上の図よりも電圧を2倍にすれば、電流も2倍流れ

ます。これがオームの法則の「水流モデル」での解釈です。

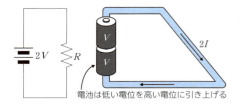

電圧
水位の差が水圧を生むように、電位の差が電圧を生む。差が大きいほど、電圧は大きくなり、流量も大きくなる。

電池は低い電位を高い電位に引き上げる

　注意すべきことは、電池の中では電位の低い方から高い方に向かって電流が流れていることです。そこで、電池は電気を高い位置に持ち上げる力、すなわち**起電力**を持っていると考えられます。これは水流でも同じです。水を継続して流すには、ポンプの力で水を低い方から高い方に持ち上げなければなりません。電池はこのポンプと同じ働きをしていると考えられるのです。

抵抗の原因

　オームの法則の発見はいまから 200 年前の頃です。現代では、このオームの法則が成り立つ理由がミクロの世界で理解されています。
　最初に、導体を作る金属の構造について調べましょう。金属とは鉄や銅などが代表的です。トースターのニクロム線も金属に分類されます。これら金属は主に金属原子からできています。金属原子は電子を放出して自らはプラスに帯電し、放出した電子の海の中を所定の位置にプカプカ浮いていると考えられます。
　大切なことは、これらプラスに帯電した金属原子は周りからの熱エネルギーを得て不規則に揺れ動いているということです。

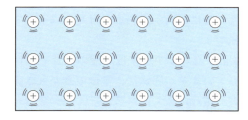

導体を構成する金属原子は電子の海の中でプカプカ浮いている状態。これらは熱を吸収し振動している。

ここで金属導体に電池をつなげてみましょう。電池が生んだ起電力は導体の中の電子に力を与え、加速させます。ところが、不規則に揺れ動いている金属原子に行く手を阻まれ、加速しようにもできません。結局、導体内をゆっくりと流れるしかないのです。これが抵抗の原因です。

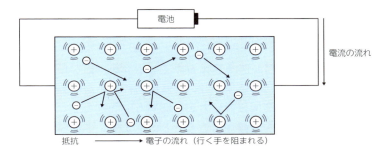

　この状況は、賑わっている商店街を1方向に進もうとする人を思い描くと理解できます。速く歩こうにも人とぶつかって進めず、結局ゆっくりした足取りになってしまうのです。実際、導線内を流れていく電子の平均スピードは秒速1cmにも届きません。

問題にチャレンジ

〔問〕電池にニクロム線 R をつなげたとき、流れる電流は I でした。このニクロム線 R を2つ直線的に結合（**直列**）した場合と、並べて結合（**並列**）した場合とでは、同じ電池で流れる電流量はどう異なるでしょうか。

〔解〕2つのニクロム線 R を直列でつないだときは、2倍だけ流れにくさ（すなわち抵抗）が大きくなるので、オームの法則から、流れる電流は半分（$=I/2$）になります。並列のときは、下図の水流モデルからわかるように、流れる電流は2倍（$=2I$）になります。（答）

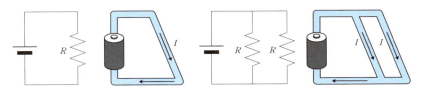

§29

近接作用の原理
──力はどのように伝えられるのかを示す基本的な考え方

　電気や磁気はどのように力を伝えるのでしょうか。答として次の二つが思い浮かびます。電気や磁気が互いに直接的に力を及ぼすという考え方と、空間を媒介にして間接的に力を及ぼすという考え方です。前者を**遠隔作用**の考え、後者を**近接作用**の考えといいます。これら二つの考え方をめぐって大きな論争がありました。ニュートンが前者の、後に調べるファラデーが後者の代表です。現代では近接作用に軍配が上がっています。

電気力線と磁力線

　この近接作用を視覚化するのに便利な表現方法があります。**電気力線**と**磁力線**です。近接作用を最初に主張したのはファラデーです（§33）。そして、電気力線や磁力線もファラデーの発案です。ファラデーは電気や磁気の周りの空間には目に見えないゴムの糸のようなものが伸び、その歪みが力を相手に伝えると考えました。そのゴムの糸のようなものとして電気力線や磁力線を考案したのです。

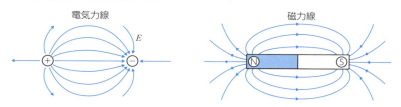

先の図は正負の電荷、およびN極とS極の作る磁荷が作る電気力線と磁力線を描いています。

電気力線や磁力線の特徴をまとめてみましょう。

①正電荷、N極から湧き出し、負電荷、S極で吸い込まれる。
②湧出本数、吸引本数は電気量や磁気量に比例する。
③1本の線には張力が働く（1本の線はできるだけ短くなろうとする）。
④線同士には斥力が働く（電気力線、磁力線は互いに離れようとする）。

（注） S極、N極は単独には存在せず、必ずペアを作ります。

電気や磁気の相互作用は、これらの特徴を利用すると、実によく説明することができます。電気力線の場合について、下図に示しましょう。正負の電荷が引き合うのは③の性質から、正と正の電荷が反発するのは④の性質から容易に説明がつくのです。

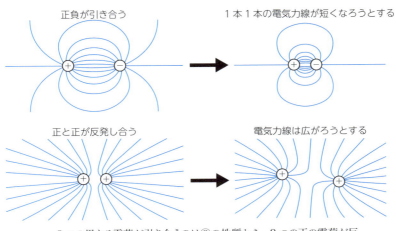

2つの異なる電荷が引き合うのは③の性質から、2つの正の電荷が反発することは④の性質から説明がつく。

電気力線と磁力線の描き方

電気力線や磁力線はどのように描けるのでしょうか。例として電気力線について調べてみましょう（磁力線についても同様です）。

まず、他に影響を及ぼさない程度に小さな正の電荷を用意し、電気の力が感じられる空間に持ち込みます。そして、その電荷が感じる力の方向に、電荷を少しずつ動かしていきます。こうして1本の電気力線が描けることになります。また、感じた力の強さに応じて、線の数を増やせば、電気力線の全体が完成します。

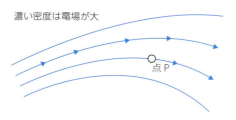

電気力線の描き方
力の方向をたどっていけば電気力線が描ける。本数の密度は下記の電場の大きさに比例するようにする。

電場と磁場

　電気力線や磁力線の考え方の基底には、空間は「空っぽ」ではなく、力を伝える性質を持つ「何か」だというアイデアがあります。この何かを**場**（または**界**）と呼びます（英語の field の翻訳です）。電気の場合は**電場**（または**電界**）、磁気の場合には**磁場**（または**磁界**）といいます。

（注）本書では、電場と磁場という言葉を利用します。後に重力の場についても言及するため、言葉を統一するためです。なお、工学の分野では、電界、磁界という言葉が多用されています。

点電荷の作る電場のイメージ
電場や磁場のイメージは電気力線や磁力線のイメージと重なります。

　電気力線や磁力線は、現代的に解釈すると、これら電場や磁場を可視化したものです。そこで、この解釈を具体化するために、次のように約束します。

> 電気力線（磁力線）の本数の密度は電場（磁場）の大きさとする。

電気力線（磁力線）の本数の密度は電場（磁場）の大きさに一致するように描く。

問題にチャレンジ

〔問〕正の電荷と、その半分の負の電荷が存在するときの電気力線の様子を先の ①～④ の原則で描いてみましょう。

[解] 右図のようになります。（答）

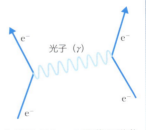

メモ

電場と磁場の実体

電気力線や磁力線の考え方の基底にあるのは、空間というものは「空っぽ」ではなく、力を伝える性質を持つ「何か」と捉えていることです。これを「場」と呼び、現代物理学はその正体に迫りつつあります。素粒子物理学では、電気や磁気の場合、空間にある力を伝える「何か」は

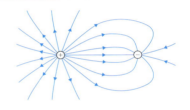

光子と考えます。**光子**とは光の粒ですが、仮想的な光子が2つの電荷や磁荷の間を取り持って力を及ぼし合っていると考えられているのです。

例えば右図は電荷同士が相互作用している様子です。電荷を持った粒子（右図は電子）が光子を放出し、電荷を持った別な粒子がそれを吸収することにより相互作用をしていると考えるのです。このような図を**ファインマンダイアグラム**といいます。

§30

場の重ね合わせの原理
―― 2つの力は独立に伝えられるという宇宙の基本法則

　前節で調べたように、電気力線や磁力線の考え方には、空間というものは「空っぽ」ではなく、力を伝える性質を持つ「何か」があるという前提があります。この何かを**場**と呼びました。電気の場合は**電場**、磁気の場合は**磁場**といいました。前節に引き続いて、もう少し詳しく調べましょう。

電場というアイデア

　電場のある空間に小さな電荷を持ち込んだとしましょう。すると、力を感じます。その小さな電荷が感じる力は、空間の各点ごとに大きさと方向を持つ矢印で表されます（すなわち数学でいう**ベクトル**です）。そこで、ある点で小さな電荷が感じる力をその電気量で割って得られるベクトル（換言すれば単位電荷に働く力のベクトル）を考え、それを**電場**と定義します。通常、電場を E で表します。この定義から、その点に電荷 q を置くと、次のような力 F を感じることになります。

$$F = qE \text{ 、すなわち　電荷が受ける力 = 電荷量 × 電場}$$

点Pにおける電場

点Pで電荷 q の受ける力

ある点Pの電場 E と電荷の受ける力 F

電場 E
空間の点Pに微小な正の電荷 q を置き、加わる力 F を測定し、その F を q で割ったベクトルが電場を表すベクトル E になる。これから、電場 E はその点で単位電荷に加わる力となる。

　この電場というアイデアは近接作用の力の伝わり方を表現するのには

うってつけです。2つの電荷が力を及ぼし合うとき、まず一方の電荷が周りの空間を変質させますが、その変質を電場で表現するのです。そして、その電場を介してもう一方の電荷に影響を及ぼすと考えるのです。

点電荷の作る電場

最初に正の点電荷の作る電場を調べましょう。電気力線はクーロンの法則（§27）から下図左のように描けます。したがって、図の点Pに正の電荷 q を置くと、それが受ける力 F は下図中央に示す矢となります。その矢の表すベクトルを q で割って得られるベクトルが電場 E です（下図右）。

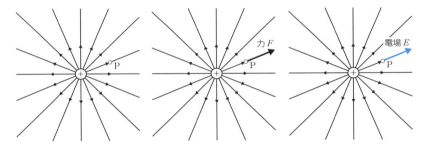

正の点電荷の作る電場 E
クーロンの法則から、任意の点Pで微小な正の電荷 q の受ける力は放射状の向きになる。したがって電場 E も図のように放射状の向きになる。

負の点電荷が作る電場も同様に求められます。

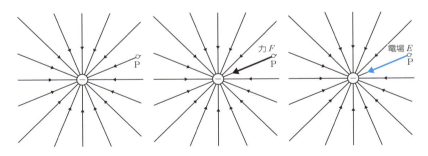

負の点電荷の作る電場 E
クーロンの法則から任意の点Pで微小な正の電荷 q の受ける力 F は中心に向く。したがって電場 E も図のように中心に向いている。

2つの点電荷の作る電場

次に2つの点電荷が作る電場を調べてみましょう。実験によると、次の法則が成立します。これを電場の**重ね合わせの原理**と呼びます。

> 2つの電荷の作る電場は、各々の電荷の作る電場のベクトルとしての和になる。

この原理があるので、電場をベクトルとして表現できるわけです。

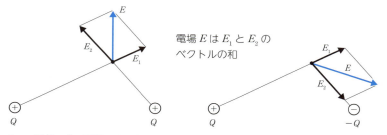

2つの電荷の作る電場の重ね合わせ
2つの電場の和はベクトルとして計算される。2つの電場を表す量が数学のベクトルの演算規則に従うことは自明ではない。それを法則として捉えたのが「重ね合わせの原理」である。上の図は等量の電荷を持つ正と正、正と負の電荷が作る電場の様子を描いている。

電場の重ね合わせの原理は、電荷が及ぼす電気力の独立性に由来し、自明なことではありません。宇宙の基本法則の一つです。

なお、この法則は3つ以上の電荷の作る電場にも適用できます。すなわち、ある時点の電荷の分布がわかれば、任意の点の電場がクーロンの法則とベクトルの和の計算規則から算出できるのです。

電場と電気力線

電場と電気力線との関係を確認しましょう。電気力線の描き方（§29）からわかるように、電場は電気力線の接線方向を向くことになります。そこで調べたように、電気力線の本数の密度は電場の大きさと一致すると決められています。

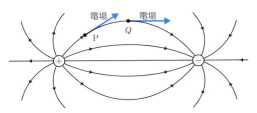

電気力線と電場
電場は電気力線の接線方向を向く。なお、ある点の電気力線の密度はその点の電場の大きさと一致すると約束している。

磁場の重ね合わせと磁場

　磁場ベクトルについても、電場の場合と全く同様です。ただし、磁場の場合には磁極が単独では存在せず、NS両極が常にペアになって現れることが、電場と異なります。電場は通常 E を用いますが、**磁場ベクトル**は H を用います。応用上はその定数倍の**磁束密度**と呼ばれる B がよく利用されます。

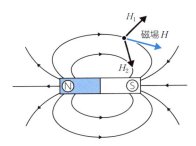

磁力線と磁場
磁場も電場と同様である。磁場ベクトル H は磁力線の接線方向を向く。なお、電気力線と同様、ある点の磁力線の密度はその点の磁場の大きさと一致すると約束している。

問題にチャレンジ

〔問〕等量の電荷を持つ2つの負の電荷が作る電場の様子の描き方を調べてみましょう。

［解〕電場とは「正の単位電荷に働く力」と解釈できます。題意の場合、右図のように点Pの単位電荷には2つの引力が働くので、そのベクトルとしての和が、点Pの電場 E になります。(答)

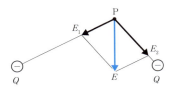

§31

ガウスの法則
――クーロンの法則を近接作用の見方で捉えた法則

クーロンの法則は遠隔作用的な形で書かれています。それに対して、これを近接作用的な見方、要するに場の捉え方で書き直したものが「**ガウスの法則**」です。

点電荷の作る電場の大きさ

正の点電荷 Q が固定されていると考えます。この点電荷が作る電場の中に電荷 q が置かれたとします。クーロンの法則から、これに働く力 F は次のように表されます（§27）。

$F = k\dfrac{qQ}{r^2}$ （k は比例定数） → 変形すると、$\dfrac{F}{q} = k\dfrac{Q}{r^2}$

点電荷 Q が作る電場を E とすると、点電荷 q に働く力は次のように表せます。

$F = qE$ → 変形すると、$E = \dfrac{F}{q}$

よって、点電荷 Q の作る電場 E の大きさは次のように求められます。

$E = k\dfrac{Q}{r^2} \cdots (1)$ ← なぜなら、$E = \dfrac{F}{q} = k\dfrac{Q}{r^2}$

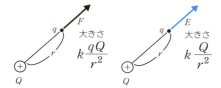

クーロンの法則から点電荷 Q の作る電場が得られる。大きさは式 (1) で与えられ、向きは Q から放射方向になる。

さて、**電気力線の密度は電場の大きさと一致します**（§29、§30）。そこで、式 (1) は電気力線の密度を与える式にもなっています。

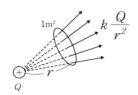

電気力線の本数の密度は電場の大きさと一致。よって、点電荷 Q から距離 r だけ離れたところの電気力線の密度は (1) で与えられる。

点電荷を球で包むと

正の点電荷 Q を中心に半径 r の球で包み、この球の表面積全体で何本の電気力線が出ているかを計算してみましょう。球の表面上の電気力線の密度は (1) で与えられるので、

半径 r の球から出る点電荷 Q の作る電気力線の総数

$$= 4\pi r^2 \times k\frac{Q}{r^2} = 4\pi kQ \quad \cdots (2)$$

わかりやすくいえば、この式は次の定理を表現しているのです。

> 点電荷 Q から出る電気力線の総数は $4\pi kQ$ 本である。 $\cdots$ (3)

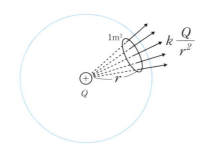

正の点電荷 Q を中心に半径 r の球で包む。すると、点電荷 Q から出る電気力線の総数は $4\pi kQ$ 本であることがわかる（k は式 (1) の中の定数）。

電気力線を流線と解釈

右の電気力線の図を見て「水が湧き出している」と感じる読者も多いと思います。そこで、その水のイメージで上の定理 (3) を解釈してみましょう。点電荷 Q が置かれた場所から、水がコンコンと湧き出していると考えるのです。その

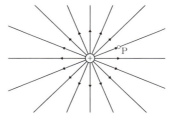

量は定理（3）で与えられる毎秒 $4\pi kQ$ とします。その湧き出し点を中心に半径 r の球を考え、その球面の単位面積当たりの水のしみ出す量を毎秒 E とします。

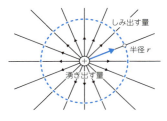

毎秒 $4\pi kQ$ の水が湧き出す泉を、半径 r の球で包む。そして、その球面の単位面積からしみ出す水の量を毎秒 E とする。

すると、この球面から単位時間に「しみ出す水の全量」は「湧き出す水の量」に等しいので、次の関係が成立します。

球面からしみ出す全量 $= 4\pi r^2 \times E = 4\pi kQ$（＝ 湧き出す量）

これから次の式が得られます。

球面の単位面積当たりのしみ出す量　$E = k\dfrac{Q}{r^2}$

これは式（1）と同じです。水の湧き出すモデルとクーロンの法則とは数学的に等価であることがわかります。

これまでは正の電荷で考えてきました。負の点電荷が作る電気力線の場合は、吸い込み口のある水の流れと同じです（右図）。「内部から外部へ出ていく電気力線」を「外部から内部に入ってくる電気力線」と考えれば、これまでの水のイメージがそのまま利用できます。

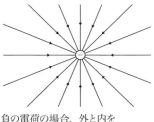

負の電荷の場合、外と内を逆にしているだけ。

ガウスの法則

定理（3）は球面を考えて得られた性質です。しかし、水のモデルからわかるように、どんな閉曲面でも定理（3）の性質は成り立ちます。どんな閉曲面でも、単位時間に湧き出す量としみ出る量は等しいから

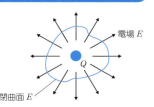

です。そして、電場の重ね合わせの原理（§30）から、このことは点電荷だけに限ったことではありません。そこで、定理（3）は次のように一般化できます。これが**ガウスの法則**です。

> 閉曲面 S の内部から外へ出ていく電気力線の総数は、閉曲面 S 内部の総電荷量に比例する。

応用してみよう

（例題）電荷密度 σ で帯電したコンデンサー内の電場の大きさ E は、σ に比例することを調べましょう。

[解] コンデンサーとは2枚の金属板を対向した電子部品です（下図）。図からわかるように電気をためるという特性があります。対称性から、電気力線は図のように並びます。コンデンサーの面積を S_0 とし、図のような閉曲面で包むと、ガウスの法則から、k を定数として、

$S_0 \times E = k S_0 \sigma$ （$S_0 \times E$ は電気力線の総数、$S_0\sigma$ は総電荷量）

よって、$E = k\sigma$

電場の大きさはたまった電気量の密度 σ に比例するのです。（答）

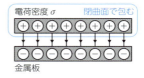

問題にチャレンジ

〔問〕長い導線上に一様に帯電した電荷（電荷密度は ρ）が作る電場の大きさ E は、導線からの距離 r に反比例することを調べましょう。

[解] 電場は右の図のようになります。導線を中心にして、半径 r の円筒で覆ってみましょう。単位長さについてガウスの法則を適用すると、

$2\pi r \times E = k\rho$ （k は比例定数）

これから、$E \propto \dfrac{1}{r}$ となり、r に反比例します。（答）

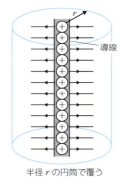

半径 r の円筒で覆う

§32

アンペールの法則
―― 電流から磁気が生まれるという大発見を公式化

　1800年、画期的な発明がなされました。**ボルタの電池**の発明です（§52）。この発明によって人類は初めて安定化した電流を手に入れたのです。以後、電気・磁気の研究は飛躍的な発展をたどることになります。

エルステッドの発見

　デンマークの科学者エルステッド（1777～1851）は、ボルタの電池を利用して白金線に電流を流す実験を行なっていたところ、たまたま近くに置いてあった磁針がわずかに振れることを発見しました（1820年）。「電流が磁気を生む」というこの大発見は、電気と磁気を統一的に研究する**電磁気**というアイデアの出発点となります。

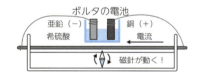

エルステッドの実験
ボルタの電池を利用して導線に電流を流すと、磁針が動くことを発見。電磁気学の出発点となる大発見となる。

アンペールの法則

　エルステッドの実験に触発され、フランスのアンペール（1775～1836）は電流の磁気作用について様々な実験を試み、**アンペールの法則**を発見しました。現代風にアレンジすると次のように表現できます。

> 電流はその周囲に右ネジの進む方向に磁場を発生させる。閉じたループに沿ってその磁場を足し合わせると、ループの中を通り抜ける電流の大きさに比例する。

わかりづらい法則なので、図と例を用いて意味を調べましょう。

アンペールの右ネジの法則と右手の法則

前半の「電流はその周囲に右ネジの進む方向に磁場を発生させる」はアンペールの**右ネジの法則**と呼びます。下図にその意味を示しましょう。

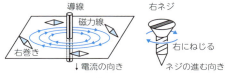

右ネジの法則
電流の向きが下方向のとき、作られる磁力線は右回り。これは右ねじを締めるときのドライバーの回転方向と同じ。

ドライバーは使ったことがないという人は、次の図に示す**右手の法則**を利用するとよいでしょう。

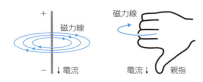

右手の法則
電流の向きに親指が向くように導線を右手で握ったとすると、握り方向が磁力線の方向になる。

コイルの中の磁場

アンペールの右ネジの法則を利用すると、円形電流の作る磁場、そして実用的に重要なコイルの作る磁場の向きがわかります。

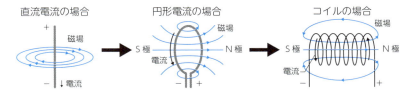

円形導線やコイルに発生する磁気の方向についても、右ネジの法則や右手の法則が適用できることに注意してください。

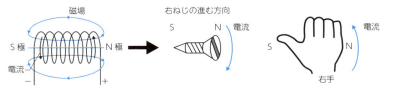

149

アンペールの法則から磁場の強さを計算

次にアンペールの法則の後半部分の意味を、直線電流を例にして調べてみます。直線電流はその対称性から下図のような円形の一様な磁場を作ります。

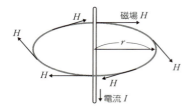

直線電流の作る磁場
円周上で磁場の大きさ H は一定であり、磁場の向きは接線方向になる。

この図の半径 r の円をアンペールの法則の中でいう「ループ」とし、その円上に発生している磁場 H をアンペールの法則から求めてみましょう。法則の後半部にある、

「閉じたループに沿ってその磁場を足し合わせる」… （1）

とは、この円上の接線方向の磁場の大きさと円の線素の長さを掛け合わせたものを、円全体について加え合わせることを意味します。

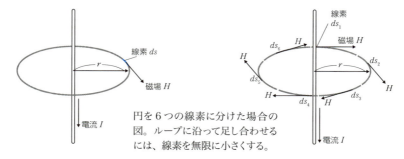

円を6つの線素に分けた場合の図。ループに沿って足し合わせるには、線素を無限に小さくする。

すると、表現（1）の「足し合わせ」は数式で次のように表せます。

$$Hds_1 + Hds_2 + Hds_3 + \cdots = H(ds_1 + ds_2 + ds_3 + \cdots)$$

この括弧の中は円についての線素の和なので、半径 r の円周 $2\pi r$ になります。よって、

表現（1）の「足し合わせ」$= H \times 2\pi r$

アンペールの法則の後半部は、これが「電流の大きさに比例する」と

主張しています。したがって、電流の大きさを I とすると、次のように表現できます。

$$H \times 2\pi r = kI \quad (k は比例定数)$$

こうして、直線電流から距離 r の点における磁力線の大きさ H が求められました。有名な公式なので結果をまとめておきましょう。

直線電流 I の作る磁場は、直線を中心とした円の接線方向を向き、その大きさ H は円の半径を r として、次の式で与えられる。

$$H = k\frac{I}{2\pi r} \quad (k は定数)$$

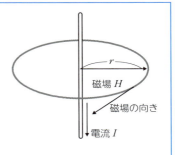

以上が、アンペールの法則の意味と、それを用いて得られた直線電流が作る磁場の大きさの公式です。

問題にチャレンジ

〔問〕下図左のように直線電流が流れているとき、作られる磁力線は右枠の中の A、B のどちらでしょうか？

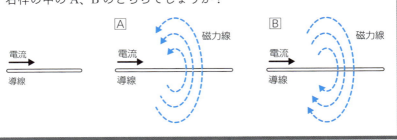

［解］図 B（右ネジの法則、または右手の法則から）（答）

§33

ファラデーの電磁誘導の法則
──発電機で電気が起こせる仕組み

　現代の便利な生活の多くは電気の力によって支えられています。その電気を作るのが発電機。その発電機の仕組みを支えるのが**電磁誘導の法則**です。ファラデー（1791〜1867）が発見した法則なので「ファラデーの電磁誘導の法則」ともいわれます。1831年のことです。

電磁誘導の法則とは

　「電磁誘導の法則」というと難しそうな響きがありますが、簡単にその実験ができます。電池で動くおもちゃのモーターに電流計（テスター）をつなぎ、指で回してみましょう。針が動き、電流が生まれたことがわかります（テスターはホームセンターで、千円程度で売られています）。この電気を生む原理が「電磁誘導の法則」です。火力や水力、原子力の発電機の仕組みでもあります。

　右にそのモーターの仕組みを描きました。N極とS極にはさまれて銅線の輪（コイル）が配置され、それが回転する構造です（ここではコイルを1回巻きにしています）。

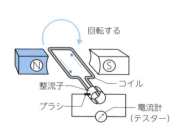

　この単純な構造から電気が生まれる仕組みを見てみましょう。

　ループの中にはN極からS極に向かう磁力線が貫通しています。その貫通する磁力線の総量を**磁束**（すなわち磁力線の束）といいます。電磁誘導の法則は、この「磁束」とい

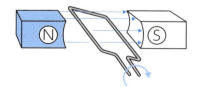

152

う言葉を用いて次のように表現されます。

> 磁束が時間的に変化すると起電力が生まれる。その大きさは磁束の時間的変化に比例する。

起電力とは電気を流す力のことですが、こうして生まれた起電力を**誘導起電力**といいます。また、この力によって生まれる電流を**誘導電流**といいます。以下に応用例を見てみましょう。

変圧器（トランス）の原理

電柱には**変圧器**（すなわち**トランス**）が取り付けられているものがあります。発電所から送られてくる高圧電流を家庭用の小さい電圧に変換してくれる装置のことです。この変圧器を支えている原理が「電磁誘導の法則」です。

変圧器の基本は鉄の心に2種のコイルを巻きつけているだけの簡単な構造です。

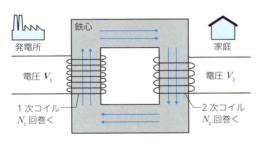

1次側と2次側の磁束の量はコイルの巻き数比 $N_1:N_2$ になる。すると、電磁誘導の法則から、家庭側の起電力は発電所側の電圧 V_1 の N_2/N_1 倍になる。交流が使われるのはこのように変圧が簡単だからだ。

発電所から送られてくる交流電流は1次コイルに流れ、鉄心に磁力線を作ります。その磁力線は鉄心を1周し、家庭につながる2次コイルを貫通します。電流は交流のため、磁力線は時と共に変動します。すると、2次コイルの中で電磁誘導の法則が働きます。2次コイルは1次コイルより巻き数が小さいので、コイルを貫く磁力線の総量（すなわち磁束）は1次コイルよりも小さく、それだけ誘導起電力は小さくなります。こうして、高圧電流が低圧に変圧されるのです。

電磁誘導と非接触型ICカード

電磁誘導の法則は現代情報化社会の様々なところで活用されています。枚挙に暇がないのですが、ここでは乗車用ICカード（スイカやパスモ、イコカなど）を取り上げてみましょう。

このカードは改札機に取り付けられた読み書き装置と情報を電磁作用でやり取りするのですが、不思議なことに電池が入っていません。その電池の代わりに採用されているのが電磁誘導の法則なのです。

このカードの中にはアンテナがコイル状にセットされています。改札機からは磁気が出ていますが、そこにカードをかざすと、そのコイルの中の磁束が変化し、電磁誘導の法則から電気が生まれます。この電気を利用してICチップを動かし、認証やデータの交換を行なうのです。

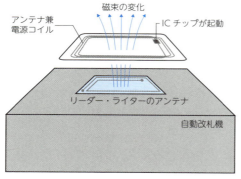

IC乗車券の仕組み
カードのコイルの中で磁気（すなわち磁束）が変化すると、電気が生まれる。これを電源として利用して、ICチップを起動する。情報はこのコイルをアンテナとして交換する。

乗車用ICカードのような発電機能を利用したICチップは近年需要が急速に大きくなっています。近年話題の **IoT**（Internet of Things）は物流をこのようなICチップで管理することを念頭に置いています。

電気と磁気は不可分

アンペールの法則（§32）は、「電気が流れると磁気が生まれる」ことを示しています。電磁誘導の法則は「磁気が変化すると電気が生まれる」ことを示しています。このように電気と磁気は表と裏、陰と陽のように不可分の関係なのです。そこで、まとめて**電磁気**と呼ばれます。

電磁誘導の法則の発見は大変だった！

ファラデーによって電磁誘導現象が発見されるのは、電流の磁気作用が発見されて約10年後の1831年のことです。現在の多くの解説書には、下図のように磁石と円筒形のコイルが描かれ、そのコイルに向かって磁石を出し入れすると電磁誘導の法則が確かめられると記述されていますが、このような簡単な実験で発見できるなら、10年余りの時間を必要とはしなかったでしょう。

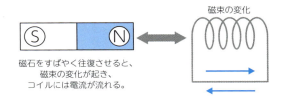

磁石をすばやく往復させると、磁束の変化が起き、コイルには電流が流れる。

しかし、ファラデーの活躍した時代は、磁石の磁力は弱く、電流計の感度も低かったといいます。また、電池も現代のように安定してはいなかったといわれます。ファラデーの日記には、電磁誘導を発見するまでの苦労をしのばせるさまざまな実験が記録されています。

問題にチャレンジ

〔問〕次の(1)～(3)の中で、電磁誘導を利用していない家電製品が1つあります。選択してみましょう。
(1) スマートフォン　(2) マイク　(3) ニクロム線利用の電熱器

〔解〕電波や音を扱う製品のほとんどに電磁誘導の法則が利用されています。ニクロム線を用いた電熱器には電磁誘導の法則を用いる部品は利用されていないのが普通です。(3)（答）

§34

レンツの法則

——リニア中央新幹線の浮上原理にも応用されている法則

　安定したシステムでは、何か少し変化が生まれたとき、その変化が増大するように物事が進んでは困ります。例えば、職場の一人が軽いミスを犯したときに、それが常に大きな事件に発展してしまうような会社はすぐに潰れてしまいます。それは自然、宇宙でも同じことです。何か変化が生じたときに、その変化を打ち消すような働きがなくてはなりません。それを電磁気の世界で表現するのがレンツの法則です。

レンツの法則

　レンツの法則は次のように表現されます。電磁誘導の法則で生まれた誘導起電力がどの向きに発生するのかを表現しています。

> **誘導起電力は磁気の変化を妨げる向きに生じる。**

　先に述べたように、変化が起こると、それを抑えるように新たな変化が生まれる、というのがレンツの法則です。磁気の変化に加勢するように新たな磁気の変化が誘起されたなら、自然は秩序を保てません。

レンツの法則
誘導起電力が生む電流は、磁気の変化に逆らうように流れる、というのがレンツの法則。そのような向きに力が働かなければ、自然は安定を保てない。

　次の例でこの法則の意味を確かめましょう。
（例1）コイルとテスターを接続した回路を考えます。コイルにN極を近づけると、コイルの中の磁力線が増えるので、それを減らす向きに電

流が流れます（左図）。コイルからＮ極を遠ざけると、コイルの中の磁力線が減るので、それを増やす向きに電流が流れます（右図）。

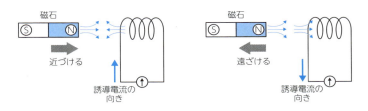

（例２）下図のような回路を考えます。左図はスイッチがオフからオンにされた瞬間の状態を表します。このとき、レンツの法則から、入ってくる電流を阻止する起電力が起こります。右図はスイッチがオンからオフにされた瞬間の状態を表します。このとき、レンツの法則から、電流を流し続けようとする起電力が起こります。

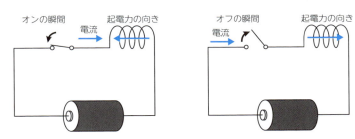

電気メーターの仕組み

家の壁に取り付けられている電気メーター（正式には積算電力量計）の中でクルクル回る円盤の正体を調べましょう。

最初に**アラゴの円盤**について調べます。これは糸で吊るされた何の変哲もないアルミの円盤の下で磁石を回転させると、その円盤がつられて回転し始める現象をいいます。鉄の円盤なら当然かもしれませんが、磁石とはほとんど縁がないアルミ板がどうして磁石の影響を受けるのでしょうか。この現象はレンツの法則で説明できます。

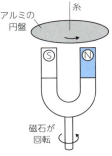

157

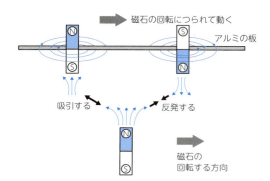

アラゴの円盤の仕組み
磁石の前方では斥力が、後方では引力が生まれるように、レンツの法則から電磁石が生まれる。これらの力でアラゴの円盤は回る。ちなみに、アラゴはフランスの科学者で、この円盤は1824年の発見。

　アラゴの円盤で、N極の磁石の進む先では円盤上の磁力線が増えるので、レンツの法則に従いそれを減殺しようとする電流が生まれ、間近にN極の電磁石が生まれます。同様な理屈から、後方では逆にS極が生まれます。こうして、回転する磁石のN極につられるような力が円盤に発生するのです。（磁石のS極でも同様です。）

　家の壁に取り付けられている電気メーターでも同じ仕組みが利用されています。中でクルクル回っている金属板は、このアルミの板なのです。ただし、電気メーターでは回転する磁石を使わず、その代わりにコイルをアルミ円盤の上下に配置しています。その上下のコイルに使用電力に比例してタイミングをずらした電流を流し、回転磁石に相当する電磁石を作っているのです。

リニア中央新幹線の浮上原理

　もう一つ、レンツの法則が利用されている有名な例を取り上げましょう。それがリニア中央新幹線の浮上原理です。新幹線軌道の側壁には2種のコイルが設置されています。一つは推進用、もう一つは浮上・案内用です。各々その目的の名を取って、**推進コイル**、**浮上・案内コイル**と呼ばれます。ここで後者の浮上・案内コイルに焦点を当てましょう。

　この浮上・案内コイルは逆向きに巻かれた2つのコイルが8の字にセットされています。ここに、高速の車両が通過すると、車両にある強力な磁石が作る磁気によって電磁誘導の法則が現れ、そのコイルに電流が流れます。上のコイルと下のコイルは逆巻きなので、レンツの法則か

ら、逆向きの電磁石が作られます。そこで、上のコイルは車両の磁石と引き合い、下のコイルは反発するように設計しておけば、車両は上方向に引き上げられることになります。これが浮上の原理です。

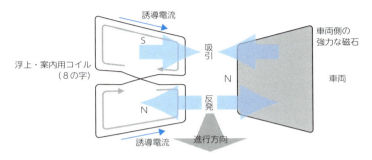

浮上・案内コイルは逆向きに巻かれた2つのコイルが8の字に組み合わされている。レンツの法則のために、車両の磁石が近づくと車体を持ち上げるように力が働く。また、車両が壁に寄ると元に戻す働きもする。そこで案内コイルにもなる。大変優れた発明である。

問題にチャレンジ

〔問〕右の図のように棒磁石を金属の輪に近づけると、どのような誘導電流が流れるでしょうか？

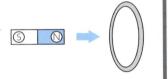

〔解〕輪の内側には磁力線が増えていくので、それを打ち消すように電流が流れます。そこで、「右ネジの法則」(§32)から右図のように誘導電流が輪の中を流れることになります。(答)

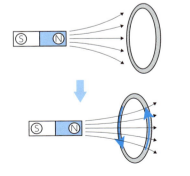

§35

マクスウェルの方程式
──それまでの電磁気学の知識を整理し発展させた方程式

　1800年初頭に電池が実用に供されたおかげで、電磁気学は飛躍的な発展を遂げました。そして様々な法則や定理が乱立する結果にもなりました。この混沌を整理し統合してくれたのがイギリスの物理学者マクスウェル（1831〜1879）です。それまでの知識を次の**マクスウェルの方程式**として、集大成してくれたのです。

(i)　$\mathrm{rot}E = -\dfrac{\partial B}{\partial t}$　（ファラデーの法則）

(ii)　$\mathrm{rot}H = J + \dfrac{\partial D}{\partial t}$　（アンペールの法則と変位電流項）

(iii)　$\mathrm{div}B = 0$　（単極磁荷の否定法則）

(iv)　$\mathrm{div}D = \rho$　（クーロンの法則）

　E は電場、H は磁場、J は電流を表しています。また、D は「電束密度」、B は「磁束密度」を表していて、通常、次の関係があります。
$$D = \varepsilon E、B = \mu H　（\varepsilon、\mu は物質に特有な定数）$$
　方程式の中の rot、div は数学の微分演算記号です。
　さて、これ以上のマクスウェルの解説は他書に譲って、ここではマクスウェルの方程式の各式が担う意味について調べることにしましょう。各方程式に注記したように、方程式(i)は磁気の変動が電気を生むという「ファラデーの電磁誘導の法則」（§33）を、方程式(ii)は電流が流れると磁気を生むという「アンペールの法則」（§32）を、方程式(iv)は電荷が電場を生むという「クーロンの法則」（§27）を、数学の微分法で表現したものです。

残った方程式(iii)の意味について調べましょう。

マクスウェルの方程式(iii)の意味

これまでも見てきた電場と電流の作る磁場の様子を電気力線や磁力線で見てみます。

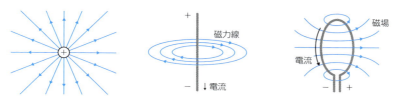

正の点電荷の作る電場　　直線電流の作る磁場　　円電流の作る磁場

電場の場合には電気力線の「湧き出し」が見出されます。それに対して磁場の場合には「湧き出し」がありません。電場の場合、電気力線の湧き出しがあるのは正と負の電荷が実在するからです。それに対して、磁場の場合、磁力線の湧き出しがないのは電荷に相当する「磁荷」が存在しないことを意味します。これが方程式(iii)の意味です。

モノポールは存在しない

磁石の磁力線を見てみましょう。下図左を見ると、電気のときに正と負の電荷があるように、磁気にもN極とS極の単独の磁荷が存在するようにも見えます。

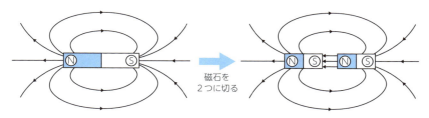

ところが、左の磁石を2つに切ると、なんと新たなN極とS極が現れます（右側）。この操作を何回繰り返しても同じで、結局単極としてのN極、S極（これらを**モノポール**といいます）を得ることはできま

せん。磁力線には湧き出しも吸い込みもないのです。この意味で、方程式(iii)を「**単極磁荷の否定法則**」と呼んでいます。

（注）現代的意味では、モノポールの存在は完全に否定されていません。

マクスウェルの発見した「変位電流」

最初にマクスウェルはそれまでの電磁気学を整理したといいましたが、彼自身も重要な発見をしました。マクスウェルの方程式(ii)を見てください。

$$\text{(ii)} \quad \text{rot}\boldsymbol{H} = \boldsymbol{J} + \frac{\partial \boldsymbol{D}}{\partial t}$$

これは「電流$\boldsymbol{J}$が磁場$\boldsymbol{H}$を生む」というアンペールの法則が由来ですが、右辺の電流$\boldsymbol{J}$の隣に$\boldsymbol{D}$（電場$\boldsymbol{E}$に比例する量）の時間変動項$\frac{\partial \boldsymbol{D}}{\partial t}$がおまけに付いています。これを**変位電流**といいます。この変動項こそ、マクスウェルの偉大な発見なのです。「電場の時間的変化は磁気を生む」ということを表しています。

彼はどうしてこんな難しそうな項を発見できたのでしょうか。それは、マクスウェルの方程式(i)からの類推です。

$$\text{(i)} \quad \text{rot}\boldsymbol{E} = -\frac{\partial \boldsymbol{B}}{\partial t}$$

ファラデーの法則やアンペールの法則から類推できるように、電気と磁気は不可分で、対等に扱われることを好んでいるようです。そこで、この方程式(i)の右辺を真似て、方程式(ii)の右辺に変位電流$\frac{\partial \boldsymbol{D}}{\partial t}$を付けたといわれます。これが偉大な発見であることは、それが電磁波の発見を予言することにつながるからです。

マクスウェルの「電磁波」の予言

マクスウェルの方程式を再度見てください。$\boldsymbol{E}$は電場、$\boldsymbol{H}$は磁場、$\boldsymbol{J}$は電流を表しています。$\boldsymbol{D}$や$\boldsymbol{B}$は$\boldsymbol{E}$、$\boldsymbol{H}$に比例する量です。いま、真空の中を考えてみます。このとき、電流は存在しませんが、マクスウェ

ルの方程式は、時間的な変化さえあれば電場 E、磁場 H が生まれることを示しています。電流のない空間の中でも、電場 E、磁場 H が伝わることを示しているわけです。こうして、マクスウェルは 1864 年に電磁波の存在を予言しました。

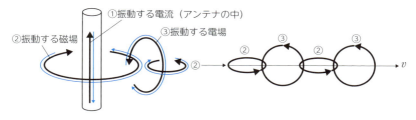

空間の中でもマクスウェルの方程式が成立するなら、電場が変化すると磁場が生まれ（上の図の②）、その磁場が変化すると電場が生まれる（上の図の③）と想像し、マクスウェルは電磁波の存在を予言。最初の磁場の変化はアンテナの振動電流（上の図の①）で作成する。

この予言は 1888 年ドイツのヘルツ（1857 ～ 1894）が実験で確かめることになります。

問題にチャレンジ

〔問〕交流電流はコンデンサーの中を通ることができます。この事実からマクスウェルの「電場の時間的変化は磁気を生む」という考え方を説明してみましょう。

〔解〕下図のように説明されます。

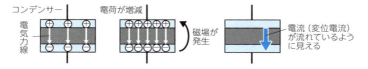

コンデンサーに充電途中、電荷の増減で電場 E は時間的に変化します。回路の外から見れば電流が流れているように見える（これが変位電流）ので、コンデンサーの周辺にも磁場が生まれているはずです。すると、コンデンサーの電極の間では実際に電流が流れていなくても、電場の変動が磁場を生んだことになります。(答)

§36

フレミングの法則
――磁気が電流に及ぼす力の向きの公式

　フレミングは、大学で電磁誘導の講義をするとき、学生たちが電流と力の向きの関係をよく間違えるのに困惑し、指を使って覚える方法を考案しました。それが**フレミングの法則**です。新たな物理法則の発見ではありませんが、後世の学生には大変ありがたい「法則」です。

アンペールの力

　フレミングの法則の話の前に、これまで触れずじまいだった「**アンペールの力**」（アンペールの法則ではありません）について調べます。
　導線に電流を流すと磁場が生まれます。電流を流すと導線が磁石に変身するわけです。ところで、2つの磁石の間には力が働きます。「それならば」と考え、電流を流した導線と磁石の間、電流を流した2本の導線の間にも力が働くことをアンペールは実験で確かめました。こうしてアンペールは**磁石の作る力と電流の作る力が全く同じ**であることを確認したのです。導線の電流が磁石や他の電流から受けるこの力を**アンペールの力**と呼んでいます。
　下図はアンペールが実験によって得られた磁石と直線電流、直線電流と直線電流間に作用する力の向きを示しています。

モーターの仕組み

前ページの下に示した図①の力を利用すると、直流モーターを作れます。電流を磁石の作る磁場の中で流すと、下図のような力が発生し、導線を回転させることができるからです。直流モーターは「アンペールの力」で回っているのです。

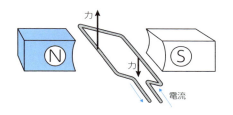

簡単な直流モーターの仕組み
磁場はNからSに向かうが、左のページの①に当てはめると、図に示す力が得られる。これが回転力になる。なお、向きがややこしい。

アンペールの力の向きと誘導電流の向き

前ページに示した電流と力の実験図に、磁場の方向（すなわち磁力線の方向）を書き加えてみましょう。磁場と電流、作用する力の向きが互いに直角であることがわかります。上記モーターの内部でもこれと同じ向きの力が働いています。

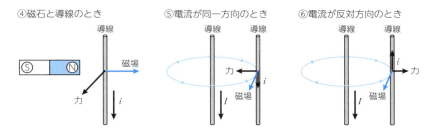

さて、今度は§33で調べた電磁誘導で生まれる誘導電流について、その方向を調べてみます。上記のモーターの軸を回せば電気が発生します。そこで軸を時計方向に回してみましょう。レンツの法則から、誘導電流の向きと導線の運動方向、磁場の方向は次のページのようになります。これが発電機内で電磁誘導から生まれる誘導電流の向きの特徴です。

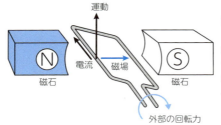

簡単な発電機の仕組み
レンツの法則から電流は上から見て右回転の向きに流れなくてはならない。このとき、電流の向き、コイルの運動方向、磁場は図に示すようになる。やはり向きがややこしい。

フレミングの＜右手・左手＞の法則

　ここでフレミングが学生に教えるときの悩みが理解できます。モーターのときと発電機のときとで、話しが似ていてややこしいのです。そこで、フレミングは次のように整理しました。これが**フレミングの右手の法則**と**左手の法則**です。

> モーターでは左手の親指、人差し指、中指を垂直に立て、順に『力』、『磁場』、『電流』の方向とせよ。発電機では右手の親指、人差し指、中指を垂直に立て、『導線の動く方向』、『磁場』、『誘導電流』の方向とせよ。

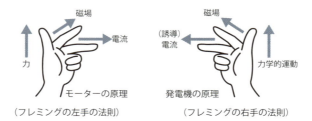

（フレミングの左手の法則）　　　（フレミングの右手の法則）

フレミングの法則を＜電・磁・力＞と覚える

　フレミングの法則は、確かに問題は整理してくれましたが、言い回しは覚えにくい欠点があります。ところで、日本語は語呂合わせに向いた言語です。円周率πを覚えるのに「産医師異国に向こう」(3.14159265)などはその代表でしょう。フレミングの法則でも、この特徴が遺憾なく

発揮されます。いろいろな語呂合わせがありますが、その中で最もポピュラーなものは「発電機は右手で回せ。方向は『電磁力』とせよ」というものです。

前者の「発電機は右手で回せ」は、右手の法則と左手の法則の区別です。発電機は「右手の法則」が対応します（左利きの人は要注意！）。

後者の「方向は『電磁力』とせよ」は指と物理量との対応を表現しています。「電」は電気的な量、「磁」は磁気的な量、「力」は力学的な量を表し、中指、人差し指、親指に順に対応させるのです。

モーターの原理
（フレミングの左手の法則）

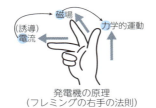
発電機の原理
（フレミングの右手の法則）

覚え方
中指から親指に向かって「電」「磁」「力」と覚える。親指は常に力学的量を表すことに注意。

ちなみに、フレミングの左手の法則は「FBI」と覚える英語的な覚え方も有名です（次節 §37）。

問題にチャレンジ

〔問〕右の発電機で、N極を右、S極を左に配置します。このとき、中の導線を右回り（時計回り）に回転すると、電流はどのように流れるでしょうか？

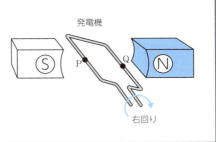

〔解〕発電機なので「右手の法則」を利用します。例えば、導線の点Pの位置においては、磁力線の向きは左、力学的な運動の向きは上方向なので、「電」「磁」「力」を右手の中指から親指に割り当てると、紙面裏側から手前方向に電流が流れます（Qの位置では電流は紙面手前から裏面方向に流れます）。（答）

§37

ローレンツ力
―― 動く荷電粒子が磁場から受ける力の法則

　先の節（§36）では、電流が磁場から受ける力について定性的なことを調べました。ここでは、定量的なことを調べましょう。

アンペールの力

　導線の電流が磁石や他の電流から受ける力を**アンペールの力**と呼びます（§36）。その方向について「フレミングの左手の法則」が成立しますが、具体的な大きさについてはまだ触れていません。ここで、その力の大きさを調べてみましょう。

> 磁場の中にある長さ l の導線を流れる電流が磁場から受ける力の大きさ F は、電流を I とすると、
> $$F = kIB_\perp l \quad (k は単位によって決まる比例定数) \cdots (1)$$
> ただし、$B_\perp$ は電流に対する磁場の垂直成分である。

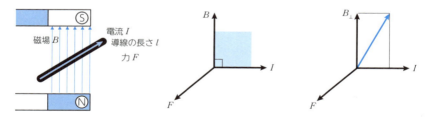

　一様な磁場（大きさ B）の空間にある長さ l の導線の受ける力は、電流 I が磁場に垂直ならば $kIBl$ と書ける。垂直でないときには、$B_\perp$ を磁場の電流に垂直な成分として、$kIB_\perp l$ と表せる。

　この図を見ればわかるように、左手の親指から FBI とすれば、それらの方向が記憶できます。FBI は「アメリカ連邦捜査局」の略称で、誰

もが映画やニュース等でおなじみの言葉だと思います。

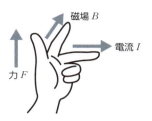

フレミングの左手の法則と FBI
先の節（§36）でも調べたが、特に公式（1）を利用する際にはよく利用される。FBI と覚えると、忘れることはない。ちなみに、F は force（力）の頭文字。

ローレンツ力

アンペールの力の公式（1）はマクロな世界で見たときの電流が磁場から受ける力を表しています。その電流を構成する荷電粒子1個1個の受ける力を式で表したのが、次の**ローレンツ力**です。

> 速さ v で動く電荷 q の粒子が磁場から受ける力は、向きがフレミングの左手の法則に従い、大きさ F は次のように表せる。
> $$F = kqvB_\perp \quad (k は単位によって決まる比例定数) \cdots (2)$$
> ただし、$B_\perp$ は粒子の運動方向に対する磁場の垂直成分である。

（注）フレミングの左手の法則を使うとき、電荷 q が正のときには qv は電流 I の向きと一致します。しかし、負のときには電流 I と反対方向になります。なお、この力（2）にクーロン力を加えたものをローレンツ力と呼ぶ文献もあります。

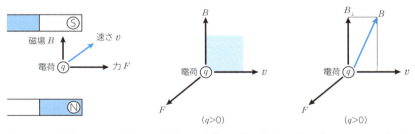

磁場のある空間において、速さ v で運動する電荷 q を持つ粒子の受ける力がローレンツ力。上の図は $q > 0$ の場合（$q < 0$ ならば力は反対方向）。運動方向が磁場 B に垂直ならば $kqvB$ と書ける。垂直でないときには、$B_\perp$ を粒子の運動方向に垂直な磁場成分として、$kqvB_\perp$ と書ける。

ローレンツ力の特徴と加速器

ローレンツ力は運動方向に垂直に働き、公式（2）の大きさを持ちます。そこで、次の特徴があります。

(I) 荷電粒子の軌道を曲げるが、速度の大きさを変えることはない。
(II) 速度に比例して大きくなる。

この性質を上手に利用したのが昔のテレビの主役であったブラウン管です。電子をこの性質を利用して制御していました。

また、この力が欠かせない装置が粒子加速器です。粒子加速器は電子や陽子などの粒子を高速でぶつけ合い、素粒子を発生させてその性質を調べる実験装置です。最近ではX線を作り出して物質の構造や組成を調べるのにも利用されています。

下図は**サイクロトロン**と呼ばれる古典的な粒子加速器の原理図です。薄い金属の筒を真っ二つに切り、真空中に置きます。上下には一様な磁場を、2つの半筒の間には高周波電圧を掛けます。この中に荷電粒子を照射すると、ローレンツ力を受けながら、荷電粒子は加速を開始します。

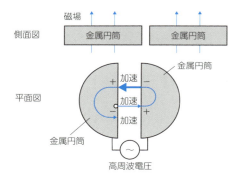

サイクロトロンの仕組み
薄い金属円筒を図のように半分にし、一様な磁場の中に置く。中央から飛び出した電子は円筒の中でローレンツ力のために円運動をするが、左右の円筒の境で電圧によって加速される。こうして電子は次第に円運動の半径を大きくしながら加速されていく。それをターゲットにぶつけて素粒子を生成することができる。

ローレンツ力とオーロラ

地球には太陽からの高速の荷電粒子が降り注いでいます。それが太陽風です。その太陽風の一部は、次ページの図のように地球の磁場にトラップされ、高速のまま大気の分子と衝突します。そのとき、運動エネルギーが光に変換されます。これがオーロラです。この太陽からの高速粒

子のトラップの原因が、先に調べたローレンツ力の特徴(I)(II)です。速さはそのままに、そして速度と垂直の向きに力が働くので、荷電粒子は螺旋運動しながら地球に向かうのです。

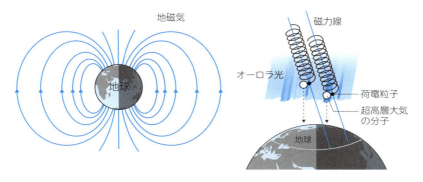

オーロラの仕組み
太陽からの荷電粒子は、ローレンツ力のために地球の磁場に沿って螺旋を描きながら高速のまま落ちてくる。それが大気とぶつかり、空気の原子や分子を励起する。その励起状態から元に戻るときに発せられる光がオーロラだ。

問題にチャレンジ

〔問〕上の図を見ながら、オーロラが赤道上には現れない理由を考えてみましょう。

［解］ 赤道上では、地球の磁場（上の左の図）のために太陽からの高速粒子は地球の手前で向きを変えられ、赤道上の大気と衝突できないため。(答)

§38

ジュールの法則
―― 電気エネルギーが熱に変換されるときの変換則

19世紀の初め、人はまだ熱の正体を知りませんでした。当時、支配的な考え方は**熱素**説です。熱素は熱現象を担う何かとして仮定された「物質のようなもの」で、他の物質と結合して隠れ、それから遊離して熱として現れると思われていたのです。ちなみに、熱素は**カロリック**の翻訳で、熱量の単位「カロリー」の語源として現代に残っています。

ジュールの法則

そのような時代において、イギリスの科学者ジュール（1818〜1889）は電流の作る熱について定量的な測定を行ないました（右図）。そして、電流が強いほど、また流す時間が長いほど、水温が高くなることを発見しました。さらに、電熱線が細いほど、また長さが長いほど高くなることも発見したのです。ジュールはさらにこの結果を式として表現し、1840年に発表しました。それが次の**ジュールの法則**です。ここで発生する熱を**ジュール熱**といいます。

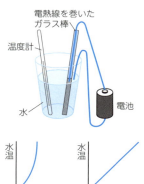

発生する熱量 ∝ (電流)² × 抵抗 × 時間　（∝は比例を表す）……（1）

ジュールの実験

ジュールの才能は「ジュールの法則」の発見だけには留まりませんで

した。今度は次図のような実験装置を作り、水温が上昇することを発見したのです。つまり、モノが落下すると、その重力のした仕事が熱に変化するというのです。

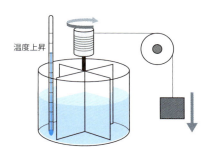

ジュールの実験
おもりが下がると水温が上昇する。重力のした仕事が熱に変換されるのである。ただし、運動はゆっくり行なわれるよう装置を作ることが大切。

　簡単な実験ですが、19世紀の当時としては実に衝撃的な発見でした。最初にも述べたように、当時は「熱は熱素が担う」と考えられていたからです。この実験では熱素の入り込む余地がないのです。モノの落下という「物理的な仕事」が熱を生んだからです。
　（注）仕事については§7、§19を参照しましょう。
　電気のときと同様、ジュールは再び実験結果を定量化し、次の関係式を発見しました。これを**熱の仕事当量**といいます。

1カロリー ＝ 4.2J

　ここで、Jは「物理的な仕事」の量の単位でジュールと読みます（§7）。この単位Jはまさに科学者ジュールの名に因んでいるのです。
　「物理的な仕事」と熱とはこの値を用いて互いに換算されます。「力学的な仕事」と熱とが対等に扱えるということは、人類が熱とは何かを理解するうえで大切な一歩になりました。

熱と力学的な仕事とは等価。

ジュールの法則とオームの法則の関係

電圧とは電気を流す圧力です（§28）。水を流すときの水位差のように理解できます。水力発電から連想されるように、水を水位の高いところから低いところに移動するときには仕事をします。電気も同じで、電位の高いところから低いところに移動する際に仕事をします。水のする仕事量は水量と水位差、それに流す時間に比例します。同様に、電気のする仕事量は電気量と電圧、流す時間に比例します。

　　　　仕事量∝電気量 × 電圧 × 時間

ところで、電気量は電流に比例し、電圧はオームの法則から「抵抗 × 電流」と表されます（§28）。これらをまとめると、

　　　　仕事量∝電流 ×（抵抗 × 電流）× 時間＝（電流）^{2}× 抵抗 × 時間

これを熱に換算すれば、ジュールの法則 (1) が得られます。ジュールの法則はオームの法則から得られるのです。

ジュール熱の正体

先に述べたように、電気が流れることによって発生する熱を「ジュール熱」と呼びます。トースターや電気ストーブの熱として応用されています。

ここで、その熱の原因を調べてみましょう。そもそも熱とは何でしょうか。例えば「大辞林」（三省堂）の辞書を調べると、次のような難しい記述が載せられています。

　　　　温度の高い系から温度の低い系にエネルギーが移動するときのエ
　　　　ネルギーの移動形態の一つで、力学的な仕事や物質の移動などに
　　　　はよらないもの。内部エネルギーを変化させる。

この記述が理解できる人はかなりの理系人でしょう。だいたい、日常生活では温度と熱の区別もありません。「風邪で熱が高い」という表現も違和感なく使います。

しかし、科学の世界では熱と温度はしっかり区別します。**温度**とは物質を構成する原子・分子の平均運動エネルギーの指標です。例えば、固体の物質を構成する原子・分子は静かに止まっているのではなく、定位

置を中心に常に激しく振動しています。その分子・原子１つ１つの平均運動エネルギーが温度で表現されるのです。

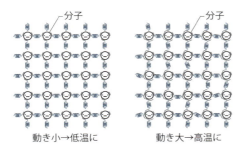

固体はそれを構成する原子や分子がバネで結ばれているイメージで理解される。温度が低いとき、構成原子や分子はあまり動かない。温度が高いと、所定の位置から激しく揺れ動く。

この温度の低い状態を高い状態に変えるのが「**熱**」です。このイメージがあると、ジュール熱の正体が理解できます。導線に電流を流すと、移動する電子が導体の中の原子や分子とぶつかります。その衝突が導線の構成原子や分子を揺り動かし、導線の温度を高くするのです。

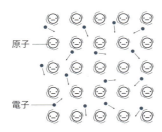

導線の中の様子
流れる電子は導線の中の原子や分子とぶつかり、それらを揺り動かす。あたかも整列している人の中を慌てて走る人が列の人とぶつかり、整列を乱すのに似ている。このイメージはオームの法則でも調べた。

問題にチャレンジ

〔問〕体重 50kg の人が 3m の高さの階段を上ると、重力は約 1470 ジュールの仕事をすることになります。仕事から熱への変換効率が 100% のとき、この人は何カロリーを消費したことになるでしょうか。

［解］ 1 カロリー ＝4.2 ジュールなので、1470÷4.2＝350 カロリー。（答）

COLUMN
家電で学ぶ電気と磁気

　身の周りの家電製品は電気や磁気を勉強するには最高の教材です。オーブンでパンが焼けるのはジュール熱のおかげですし、冷蔵庫のモーターが動くのはアンペールの力やローレンツ力のおかげです。

　ところで、この20年に普及した家電製品の多くは、その構造を理解するのが難しいものがあります。例えば**電磁調理器**（IH調理器ともいわれます）がその一例です。

　電磁誘導の法則はコイルのみに働くわけではありません。例えば、普通の金属板に磁石のN極を近づけてみましょう。すると、金属板上の仮想的なループ内で磁力線が増え、電磁誘導の法則が働きます。すると、その磁力線の変化を打ち消すために誘導電流が流れます。これを**渦電流**と呼びます。

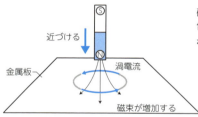

磁石を近づけると、仮想的な円に誘導起電力が生まれ、誘導電流が流れる。それが渦電流。

　磁石を高周波交流電流が作る電磁石に置き換えてみましょう。渦電流は右回りと左回りを高速に変化させ、電気抵抗のために熱（ジュール熱）を発生させます。これを熱源として利用するのが電磁調理器なのです。理屈がわかると、この調理器で作られた鍋料理がさらに美味しくなるでしょう。

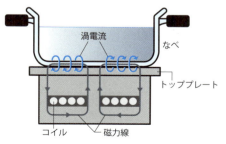

第4章

気体、液体、固体の様子を探る法則

PHYSICS AND CHEMISTRY
LAW
PRINCIPLE
FORMULA

§39

質量保存の法則
―― 化学反応の前後で質量は不変であるという法則

　物質とは何かについて、古代ギリシャから様々なアイデアが提出されました。そして19世紀初頭、ドルトンの原子説やアボガドロの分子説が発表されますが、その説に至るまでには様々な発見の努力がなされました。その一つが質量保存の法則です。

質量保存の法則

　塩化ナトリウム10gを水100gに溶かしてみましょう。得られた水溶液の質量はいくらになるでしょうか？　答えは110gです。現代では当然とも思えるこの帰結を法則化したのが**質量保存の法則**です。

　　　塩化ナトリウム10g＋水100g＝110g

> 化学変化や状態変化の前後で全体の質量は変わらない。

質量保存の法則の真価

　上記の塩化ナトリウムと水の実験は単純過ぎて、この法則のありがたみがわかりません。しかし、化学反応が起こり、外見が大きく変化したときにはどうでしょう。例えば、木片10gを燃やしたとしましょう。

この化学反応の後には、木片は軽くなるように思えます。実際、18世紀後半のほとんどの人々はそう信じていました。

フランスの科学者ラボアジエ（1743〜1794）は次のような実験を通して、燃焼前と後では質量が変化しないことを実験で確かめ、「質量保存の法則」としてそれを発表しました。1772年、すなわちフランス革命（1789年）の前夜、日本では田沼意次が老中になった年でした。

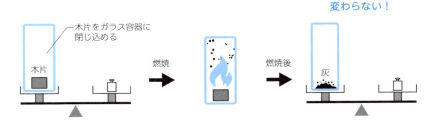

ラボアジエの実験
ラボアジエはガラス容器を密封し、その中で燃焼実験をした。当時は燃焼と空気の関係が明確でなかったが、このような実験を通して次第に化学反応の仕組みが解き明かされるようになった。なお、実際のラボアジエの実験は木片ではなく、金属のスズを対象にした。

燃えるとは？

紀元前の頃から、「燃えるとはどういうことか」については、人類を悩ましてきました。例えば古代ギリシャのアリストテレスは「火の元素」なるものを想定し燃焼現象を説明しようとしました。そして、「自然は水、空気、土、火からできている」という**四元素説**を唱え、元素の性質（温冷湿乾）を変えれば元素が変換できると主張しました。この説はその後1700年以上もの間信じられ、金以外から金を作り出せるという「錬金術」の発想も生み出しています。

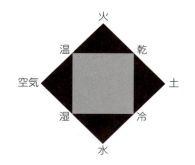

アリストテレスの四元素説
アリストテレスは「自然は水、空気、土、火からできている」という四元素説を唱え、元素の性質（温冷湿乾）を変えれば元素を変換できると主張。

　時代が下ってフランス革命の頃は「**フロギストン説**」が人気でした。「燃焼とはフロギストンという物質の放出現象」と捉える考え方です。例えば木が燃える現象は「木が燃えるとフロギストンが逃げ、後にはフロギストンの抜け殻の灰が残る」という具合です。

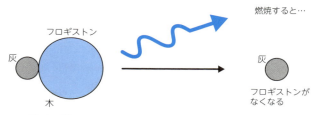

フロギストン説
フロギストンとはギリシャ語の「燃える」の意に由来。18世紀初め、ドイツのシュタールが命名。彼は、フロギストンは可燃物質や金属などの中に含まれており、燃えやすい物質は多量のフロギストンから構成されていると考えた。そして、燃焼はフロギストンが放出され、灰が残る現象と捉えた。

　ラボアジエはこのような定性的な説明には満足せず、定量的な実験で燃焼現象を理解しようとしました。そして、金属を空気中で燃やすと、燃えた後の方が重さを増すことに気づき、「燃える時に空気中の何かが金属に取り込まれる」と考えます。さらに、その気体を取り出すことにも成功し、その気体に「酸素」という呼び名を与えます。このように、定量的に物質の変化を調べるという近代化学の基礎を築いた功績により、ラボアジエには「近代化学の父」と呼ばれる名誉が与えられています。しかし、その業績にもかかわらず、1794年フランス革命の混乱のさ中、断頭台で処刑されることになります。

アインシュタインが否定した質量保存の法則

ところで、質量保存の法則は厳密には成立しません。例えば、太陽では「水素が燃えてヘリウムになる」といわれますが（これを**核融合反応**といいます）、その際、次のように質量が減少（**質量欠損**といいます）しています。

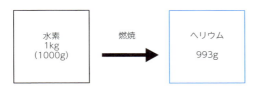

核融合反応の質量欠損
約0.7％の質量が減少する。

この理由は、質量 m が次の変換式でエネルギー E に変わっているからです。これはアインシュタインが導出した有名な式です（§67）。

$$E = mc^2 \quad (c は光速 ≒ 30 万キロメートル／秒)$$

ちなみに、原子力発電所で利用されているウラン燃料（ウラン 235）では、1kg に対して 0.7g の質量がエネルギーに変わります。

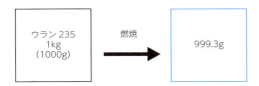

ウラン 235 の質量欠損
約0.07％の質量がエネルギーに変わる。

このことから、兵器として考えるとき、水素爆弾の方がウラン爆弾よりも単純にいうと 10 倍の威力を持つことになります。

問題にチャレンジ

〔問〕スズを空気中で燃やしたところ、スズの質量が増しました。質量保存の法則が成立していない、といえますか？

［解］いえません。空気中の酸素と結合し、その分だけ質量が増したと考えられます。（答）

§40

定比例の法則と倍数比例の法則

―― ドルトンの原子説を生み出す契機となる発見

　これまで、物質が原子や分子からできているということを当然のように利用してきました。しかし、物質が原子や分子からできていることを人類が知るのは200年ほど前で、遠い昔ではありません。本節では、このことについて考えてみましょう。

定比例の法則（質量の比）

　いま、マグネシウムの燃焼実験をしてみます。マグネシウムの質量を変えながら、そのマグネシウムと化合する酸素の質量を調べるのです。

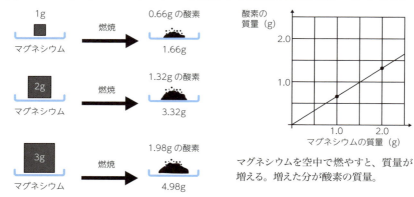

マグネシウムを空中で燃やすと、質量が増える。増えた分が酸素の質量。

　実験結果が右のグラフです。これからわかることは、マグネシウムと、それに化合する酸素の質量の比は一定ということです。これを**定比例の法則**といいます。一般的には次の表現になります。

> 1つの化合物の成分元素の質量比は常に一定である。

1799年、フランスの化学者プルーストが発見し発表しました。この法則の発見は「物質が原子からできている」という現代では常識になっている理論の正しさを示す実験の先駆けとなりました。

倍数比例の法則

イギリスの科学者ドルトン（1766〜1844）は1803年、**倍数比例の法則**と呼ばれる次の法則を発見します。

> 2種類の元素が化合して2種以上の化合物を作る場合、これらの化合物の間では一方の元素の同一質量と結合する他の元素の質量は常に簡単な整数比を示す。

例として炭素化合物についての二つの例を調べましょう。両者共に、倍数比例の法則が成立しています。

倍数比例の法則
メタン32gを分解すると炭素24gと水素8gが分離され、エチレン28gを分解すると炭素24gと水素4gが分離される。同じ炭素24gに対して、メタンの水素は8g、エチレンの水素は4g、すなわち8:4＝2:1となり、簡単な整数比になる。一酸化炭素と二酸化炭素でも同様。

ドルトンはこの倍数比例の法則を確かめた後、いよいよ「原子説」に対する確信を深め、それを発表します。

ドルトンの原子説

これまで調べてきた「質量保存の法則」、「定比例の法則」、「倍数比例の法則」から、ギリシャ時代から引き継がれてきた原子論の考えを具体化したのがドルトンです。1803年、「**ドルトンの原子説**」と呼ばれる

論文を発表しました。概略は次の通りですが、内容は現代の常識になっている考え方です。

> ・すべての物質は、分割も分解もできない原子からできている。
> ・同種の原子は、質量及び性質に関して同一である。異なる元素の原子は、異なる質量と性質を持つ。
> ・複数の種類の原子の組み合わせで化合物は形成される。

さらにその5年後、ドルトンは原子を表すのに独特な円形記号を考案しました。

ドルトンの元素記号　（　）内は現代の元素記号

ドルトンは、これらの元素記号を利用して、化合物の形（いまでいう分子式）を表現しています。現代から見ると誤りもありますが、意図は十分に伝わる表現です。

ドルトンの原子説は「質量保存の法則」、「定比例の法則」、「倍数比例の法則」を実に見事に説明できます。しかし、それでは説明できない事実が発見されました。それが「気体反応の法則」です（次節 §41）。

ドルトンの原子説の歴史的意義

ドルトンの原子説は「質量保存の法則」、「定比例の法則」、「倍数比例の法則」を説明できます。「質量保存の法則」は原子が分解できないものなので当然ですし、「定比例の法則」も原子同士が結合し合うのだから、当然といえるでしょう。例えば182ページで調べたマグネシウム

の実験では、マグネシウム原子1個と酸素原子1個が反応するのですから反応する物質の質量の割合が常に一定であることは明らかです。

マグネシウムの燃焼

また、「倍数比例の法則」についても、1個の原子に1個単位の原子が結合して化合物を作るのですから、成立は明らかです。

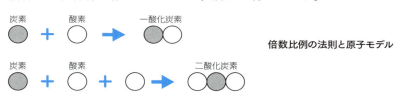

倍数比例の法則と原子モデル

ドルトン以前にも、古代ギリシャのデモクリトスから始まる原子論が存在しましたが、それは観念的なものでした。しかし、ドルトンの原子説は実験事実にもとづいたものです。科学的な原子論を立ち上げたという点でその意義は大きいといえるでしょう。

問題にチャレンジ

〔問〕水（分子式 H_2O）をドルトンの原子論の記号で表現してみましょう。

〔解〕 水　⊙◯⊙　（答）

メモ

元素と原子

元素と原子の違いはわかりにくいものです。元素は、物質を構成している基本的な成分で、各元素により特有の性質、反応を示します。その元素の実体が原子です。例えば「酸素」は元素で、その特徴的な性質を示しますが、その実体は酸素原子です。陽子8個と中性子、電子からなるのが実態です。

§41

アボガドロの法則
―― 物質を実際に構成するのは分子であり原子ではないという主張

　完全と思われたドルトンの原子説にも難点がありました。それを克服したのがアボガドロ（1776〜1856）です。本節では彼の発見した「アボガドロの法則」について調べましょう。

気体反応の法則

　ドルトンが原子説を発表（1803年）してから数年後、フランスの科学者ゲイ・リュサック（1778〜1850）は**気体反応の法則**と呼ばれる新たな法則を発見しました。

> 化学反応において2種類以上の気体が反応に関与するとき、同温・同圧のもとでは、反応する気体の体積と生成する気体の体積比は簡単な整数比になる。

　例えば、水素の燃焼実験を調べましょう。高温で実験すると、反応の結果得られる水は水蒸気になりますが、このとき、次のような図に示される反応が起こります。酸素とそれに過不足なく化合する水素の体積比は1：2であり、得られる水蒸気も2の体積を持ちます。

水素の燃焼実験
水素2、酸素1の割合で燃焼させると、水蒸気が2の割合で発生。

　このように、気体の反応においては、同温同圧のもとでは常に簡単な整数比になります。発表当時、ドルトンの原子説を補強する事実として

多くの人に受け入れられましたが、当のドルトンはさすがに慧眼であり、この実験結果に困惑することになります。

ドルトンの原子説の難点

いま、水素の燃焼実験を例として取り上げましたが、これをドルトンの原子説で調べましょう。実験事実として、当時「同温・同圧・同体積の気体には同数の原子が存在する」ということは知られていました。

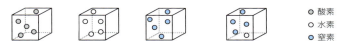

どんな気体でも、同温・同圧・同体積中には同数の原子が存在。

すると、酸素とそれに過不足なく化合する水素との体積比が1：2という事実をドルトンの原子説で説明すると事実と矛盾が生じます（下図）。

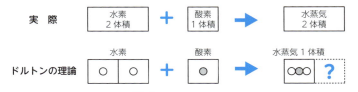

この理論と実験事実との乖離はドルトンを苦しめます。そして登場したのがイタリアの科学者アボガドロです。

アボガドロの法則

アボガドロは、現在では**アボガドロの法則**と呼ばれる次の仮説を提案します。

> 同温、同圧のもとで同体積の気体は、気体の種類にかかわらず、同数の**分子**を含む。

大切なことは、アボガドロは「**分子**」という言葉を利用していることです。すなわち物質の性質を定める基本単位を「分子」とし、その分子

は原子から構成されていると考えたのです。

先の水素の燃焼実験を例として調べましょう。水素や酸素は2つの水素原子、2つの酸素原子が結合した「分子」からできると考えると、下図のようにつじつまが合うことがわかります。

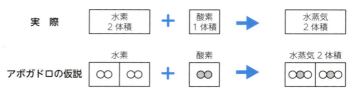

アボガドロの仮説
水素や酸素が2つの同じ原子から成り立っている**分子**と考えると、実験事実を上手に説明できる。

アボガドロの主張は当初「仮説」と呼ばれていましたが、彼のモデルによって様々な現象が実に上手に説明できることがわかり、現代ではアボガドロの法則と呼ばれています。特に、分子に焦点を当て、「物質の性質を決める基本単位が分子である」ということを**アボガドロの分子説**と呼びます。

アボガドロ定数

水素分子 2g は 0℃ 1 気圧のもとで 22.4 リットルの体積を持ちます。「同温、同圧のもとでは、同体積の気体は、同数の分子を含む」というアボガドロの法則を認めるなら、他の気体でも 0℃ 1 気圧の 22.4 リットルの体積には同数の分子が含まれているはずです。

そこで、水素分子 2g が 0℃ 1 気圧のもとで 22.4 リットルに含まれている分子数を**アボガドロ定数**と呼び、6.0×10^{23} 個であることが知られています。この数の単位を**モル**といいます。鉛筆 12 本を 1 ダースというように、原子や分子をアボガドロ定数だけ集めた数を 1 モルと呼ぶのです。

（注）現在は質量数が 12 の炭素 12g に含まれる炭素原子の個数をアボガドロ定数と定義します。

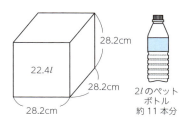

0℃1気圧の22.4lに含まれる原子・分子数が1モルと一致。なお、0℃1気圧（1.013×10⁵Pa）を**標準状態**と呼びます。

問題にチャレンジ

〔問〕窒素と水素を1：3の体積比で混合し化学反応を起こさせると、体積2のアンモニアができます。この例を用いて、ドルトンの原子説とアボガドロの分子説の違いを説明し、アボガドロの分子説の方が事実を説明できることを調べましょう。

〔解〕下図に示します。（答）

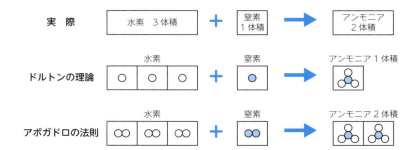

メモ

単原子分子

アボガドロは「気体は原子が結合した分子からできている」と考えましたが、これも現代では修正を迫られる考え方です。**希ガス**と呼ばれるヘリウムやネオン、アルゴンなどの存在がわかっているからです。これらは1原子として存在します。そこで、整合性をとるために、これらは**単原子分子**と呼ばれます。

§42

ボイルの法則と シャルルの法則
―― 気体の科学の出発点となる法則

　空気という概念が認識されたのは遠い昔の話ではありません。そしてその空気の研究こそが現代の様々な熱の応用の出発点になるのです。

ボイルの法則

　山に登るとポテトチップスの袋が膨れることはよく知られています。アイルランドの科学者ボイル（1627～1691）は1661年、このことを定量的に実験し、密封された気体について次の法則が成立することを発見しました。

> 温度が一定のとき、気体の圧力 p は体積 V に反比例する。すなわち、$pV=$ 一定

（注）本書では圧力の単位に理解のしやすい1気圧（1013ヘクトパスカル）を主に利用します。

　例えば、蓋が上下に動く円筒形の密封容器に、1気圧4リットルの気体を入れてみましょう。そして、上から力を加え体積とその容器の中の圧力を調べてみます。すると、温度が同じなら、下図のグラフに示すように反比例のグラフになります。これが**ボイルの法則**です。

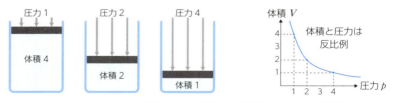

ボイルの法則：圧力を倍にすると、気体の体積は半分になるという法則。

ボイルの法則のミクロの意味

ボイルの法則をミクロの世界で解明しようと思うと、「空気の圧力とは何か？」という問題にぶつかります。その解明に人類は多くの時間を割きましたが、結論からいうと、「ランダムに運動する気体の分子が壁にぶつかったときに生む単位面積当たりの力」が圧力の源です。ボールを壁にぶつけると壁は力を受けますが、それが圧力の源です。

空気の体積を小さくすれば、その分、空気の密度は高まり、壁にぶつかる分子の数も増加します。すると、壁の受ける圧力も増大します。これを定量的に表現したのがボイルの法則なのです。

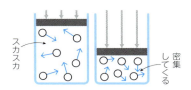

蓋の圧力を増し空気の体積を小さくすれば、その分、空気の密度は高まり、壁にぶつかる分子の数は増加。すると、圧力も増大する。

シャルルの法則

電子レンジでパンを袋ごと温めると、パンの袋は膨張します。この事実を 1787 年、フランスのシャルル（1746 〜 1823）は定量的に調べ、次のように**シャルルの法則**として法則化しました。

> 圧力一定の密封された気体において、気体の温度が 1℃上昇すると体積は 0℃における体積の 1/273 だけ増加する。

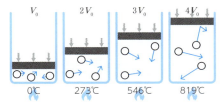

シャルルの法則：温度の増分と体積の増分が比例することを表す法則。

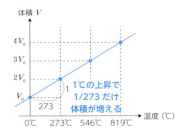

シャルルの法則のミクロの意味

　先にも述べたように、空気の圧力とはランダムに運動する気体の分子が壁にぶつかったときに生む単位面積当たりの力です。そのボールの速さを増すと、壁が受ける力は増大します。ところで、空気の温度を上げると、それだけ空気の分子は勢いよく飛び回ることになり、結果として壁に勢いよくぶつかります。こうして温度を高めると圧力が増し、空気を膨張させる力が働くわけです。

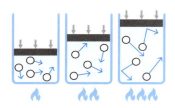

空気の温度を上げると空気分子は高速に飛び回り、壁やピストンに勢いよくぶつかる。こうして、温度を高めると空気は膨張する。

絶対温度

　さて、もう一度先に示したシャルルの法則を表すグラフを見てみましょう（右に再掲）。この直線のグラフの式は次のように表せます。

$$V = \frac{V_0}{273}(T+273) \quad \cdots (1)$$

　上記の、V_0 は 0°C における気体の体積です。

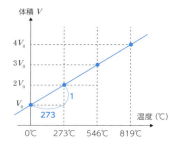

　ここで、温度計の目盛りを付け替えてみましょう。摂氏の目盛りに 273 を加えた新たな目盛りを刻み直し、それを新たな温度 T（単位 K）とするのです。

$$T(K) = T(°C) + 273 \quad \cdots (2)$$

（注）K は絶対温度の研究を深めたイギリスの科学者ケルビンの頭文字です。

T ℃と新たな温度 T（単位 K）とは次の関係にある。
$$T(K) = T(℃) + 273$$

すると、シャルルの法則（1）は次のように簡単になります。

$$V = \frac{V_0}{273}T \text{（ここで、}V_0\text{ は 0℃における気体の体積）} \cdots (3)$$

（2）のように目盛りの振られた温度を**絶対温度**といい、単位は K と記されます。この絶対温度を利用すると、シャルルの法則を「体積は絶対温度に比例する」と簡単に表現できます。

絶対零度（0度）と理想気体

シャルルの法則の式（3）をグラフにしてみましょう。なんと、$T=0$ で空気の体積が 0 になってしまいます。現実の空気はボイルの法則、シャルルの法則を完全には満たしません。そこで、これら二つの法則を完全に満たす空気を考え、**理想気体**と名づけます。薄い空気は理想気体に近いことが知られています。

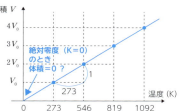

問題にチャレンジ

〔問〕0℃ 1 気圧のもとで $1m^3$ の薄い空気を考えます。1 気圧のもとでこの空気を 100℃に暖めたなら、体積は何 m^3 になるでしょうか。また、0℃のままで体積を 2 倍にしたなら、空気の圧力はどれぐらいになるでしょうか。

［解］シャルルの法則（1）から、100℃の体積は $373/273 m^3$ （$=1.37m^3$）。ボイルの法則から体積 2 倍の圧力は 0.5 気圧。（答）

§43 ボイル・シャルルの法則

――ボイルの法則とシャルルの法則を合体

ボイルの法則とシャルルの法則を合体してみましょう。こうすることで、熱力学の最も基本となる理想気体の状態方程式（§44）の導出の扉が開きます。

ボイルの法則とシャルルの法則の復習

ボイルの法則とシャルルの法則を復習しましょう。

- （**ボイルの法則**）温度が一定のとき、気体の圧力 p は体積 V に反比例する。式で表現すると、$pV=$ 一定 …（1）
- （**シャルルの法則**）圧力一定のとき、絶対温度 T の気体の体積 V は $V=\dfrac{V_0}{273}T$ （V_0 は0℃のときの気体の体積）…（2）

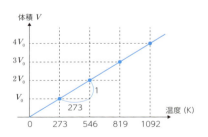

〔ボイルの法則〕　　〔シャルルの法則〕

注意すべき点は、温度は絶対温度で測るということです。すなわち、日常で利用している温度を t（℃）とすると、次の変換公式で絶対温度 T（K）にしなければなりません（§42）。

$$T = 273 + t$$

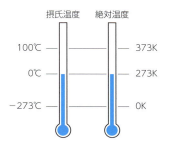

気体の温度は絶対温度で測る
物理や化学のほとんどの分野で、温度は絶対温度で測るのが基本になる。

シャルルの法則の変形

シャルルの法則（2）は次のように変形できます。

$$\frac{V}{T} = \frac{V_0}{273} = 一定$$

すなわち、シャルルの法則は次のように書き換えられます。

（シャルルの法則）　　$\dfrac{V}{T} = 一定 \cdots (3)$

ボイル・シャルルの法則

ボイルの法則とシャルルの法則を一つの式にまとめてみましょう。

いま、密封容器の中に気体が入っていて、体積・圧力・温度が順に V_1、p_1、T_1とします。その気体の圧力と温度を変化させて、体積・圧力・温度が順に V_2、p_2、T_2 に変化したとしましょう。

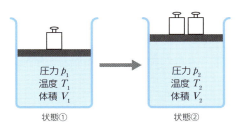

このとき、次ページの図に示すように、この変化を2ステップに分けます。体積・圧力・温度を V_1、p_1、T_1 から V_2、p_2、T_2 に直接変化させるのではなく、途中の「中間状態」として、体積・圧力・温度が V_M、p_2、T_1 というステップを経由させるのです。

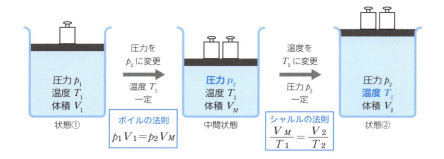

　このとき、図に示すように、第1ステップではボイルの法則（1）が、第2ステップではシャルルの法則（3）が成立するので、次の関係式が成立します。

第1ステップ：$p_1 V_1 = p_2 V_M$ … (1)

第2ステップ：$\dfrac{V_M}{T_1} = \dfrac{V_2}{T_2}$ … (2)

(1)(2)を左辺と右辺同士掛け合わせて　$p_1 V_1 \dfrac{V_M}{T_1} = p_2 V_M \dfrac{V_2}{T_2}$

両辺を V_M で約分すると、次の式が得られます。$\dfrac{p_1 V_1}{T_1} = \dfrac{p_2 V_2}{T_2}$

　要するに、ある気体において圧力や温度を変化させても、圧力×体積／温度は一定なのです。これが次の**ボイル・シャルルの法則**です。

> 密封された気体の体積・圧力・絶対温度を順に V、p、T とすると
> $$\dfrac{pV}{T} = 一定$$

（例題）1気圧27℃の気体 $1l$ を考えます。この気体を127℃・2気圧にしたなら、体積 V はどれぐらいになるか、調べてみましょう。

［解］上記のボイル・シャルルの法則の公式を利用します。27℃、127℃は順に絶対温度で300K（＝27＋273）、400K（＝127＋273）なの

で、
$$\frac{1\times1}{300}=\frac{2\times V}{400}$$
これから、$V=\frac{1\times1}{300}\times\frac{400}{2}=\frac{2}{3}\ l$（答）

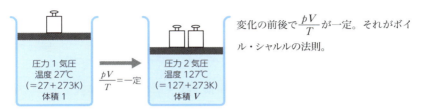

変化の前後で $\frac{pV}{T}$ が一定。それがボイル・シャルルの法則。

問題にチャレンジ

〔問〕1気圧27℃の気体 $1l$ を考えます。この気体を富士山頂（0℃ 0.65気圧とします）に運ぶと、体積はどれぐらいになるでしょうか。

〔解〕ボイル・シャルルの法則の公式を利用します。27℃、0℃は順に絶対温度で300K（=27+273）、273Kなので、
$$\frac{1\times1}{300}=\frac{0.65\times V}{273}$$
これから、$V=\frac{273}{300\times0.65}=1.4\ l$（答）

メモ

ドルトンの分圧の法則

「混合気体の全体の圧力（全圧）は、各成分気体が混合気体と同温・同体積において示す圧力（分圧）の和に等しい」という法則。

ドルトンの分圧の法則
全圧は分圧の和という法則。

例えば、同じ温度において、0.3気圧の窒素1リットルと、0.5気圧の酸素1リットルを1リットルの容器に合体すれば、その混合気体の圧力は、0.3＋0.5＝0.8気圧になります。

§44

理想気体の状態方程式
——近代分子運動論の出発点となる基本方程式

　マクロな物質の状態は圧力、体積、温度で決められます。これらは各々独立ではなく、ある関係式を満たします。それが**状態方程式**です。本節では、その基本となる「理想気体の状態方程式」を調べます。

気体の状態方程式

　n モルの気体について、ボイル・シャルルの法則の式（§43）を当てはめてみましょう。0℃ 1 気圧で n モルの気体は 22.4n リットルとなるので（§41）、ボイル・シャルルの法則から、

$$\frac{pV}{T} = \frac{1 \times 22.4n}{273} = 0.0821n$$

　こうして次の式が得られます。

$$pV = nRT \quad (R = 0.0821) \cdots (1)$$

　ここで、n は気体のモル数、R の値は圧力を気圧で、体積をリットルで測ったときの値です。この定数 R を**気体定数**と呼びます。
　この式を満たす気体を**理想気体**といいます。そして方程式（1）を**理想気体の状態方程式**と呼びます。

> （例題）1 気圧 27℃の気体 1l を考えます。この気体には何モルの分子が存在するでしょうか。

[解]　n を求めたいモル数とします。状態方程式に代入して、
　　$1 \times 1 = n \times 0.0821 \times (273 + 27)$　これから、$n = 0.04$ モル。（答）

理想気体の状態方程式の導出

理想気体の状態方程式（1）の分子的な意味を知るために、この方程式を導出してみましょう。

最初に、温度 T のもとで分子1個の運動を考えます。この分子は外界から熱エネルギーをもらって、容器の中を飛び回っています。

さて、「熱力学」と呼ばれる分野で次の結果が得られています。

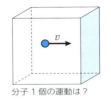

分子1個の運動は？

> 分子1個の1方向の運動エネルギーの平均は T に比例する。

これを「**エネルギー等分配の法則**」と呼びます。ここで T は絶対温度です。このことから、ある方向の分子の平均の速さを v とすると、運動エネルギーの公式（§16）から、次の式が得られます。

$$\text{ある方向の運動エネルギー} \frac{1}{2}mv^2 \propto T \quad (m \text{は分子の質量}) \cdots (2)$$

いま、この分子1個が下図のような縦・横・高さが1mの箱に閉じ込められているとし、右側面の壁に当たる分子の様子を調べましょう。

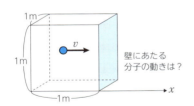

壁にあたる分子の動きは？

1個の分子
絶対温度 T のもとで、縦・横・高さ1m の箱に入った1分子を考える。考える方向はこの図の x 軸方向とし、それに垂直な右壁がこの分子から受ける圧力を考える。v は x 軸方向に進む分子の平均の速さ。

日常の経験から、速い球を手でキャッチすると遅い球よりも大きな力を受けます。そこで、多少乱暴ですが、次の結論が理解できます。

> 壁が分子1個から受ける力は分子の速さに比例する。

そこで、分子1個から壁が受ける力を F とすると、x 軸方向に進む平

均の速さ v の分子から、次の力を受けることになります。

$$F \propto v \quad \cdots (3)$$

ここで、1秒間に分子が右壁に当たる回数を考えてみましょう。速いほど頻繁にぶつかるので、衝突の回数はその平均の速さ v に比例します。

$$衝突回数 \propto v \quad \cdots (4)$$

(3)(4)から、右壁が1個の分子から1秒間に受ける力の和は

右壁が1分子から1秒間に受ける力の和 $\propto v^2 \quad \cdots (5)$

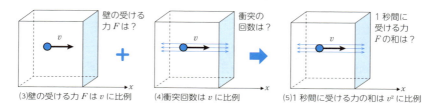

(3)壁の受ける力 F は v に比例　　(4)衝突回数は v に比例　　(5)1秒間に受ける力の和は v^2 に比例

これを(2)と組み合わせると、次の式が得られます。

壁が1分子から1秒間に受ける力の和 $\propto T \quad \cdots (6)$

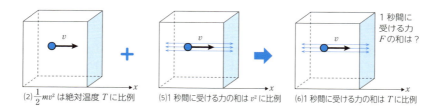

(2) $\frac{1}{2}mv^2$ は絶対温度 T に比例　　(5)1秒間に受ける力の和は v^2 に比例　　(6)1秒間に受ける力の和は T に比例

さて、箱の中に N_1 個の分子が入っているとしましょう。すると、壁が受ける力の総和、すなわち圧力 p は次のように表現されます。

圧力 $p \propto$ 壁が全分子から1秒間に受ける力の和 $\propto N_1 T \quad \cdots (7)$

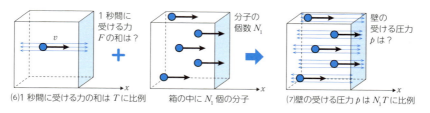

(6)1秒間に受ける力の和は T に比例　　箱の中に N_1 個の分子　　(7)壁の受ける圧力 p は $N_1 T$ に比例

さて、(7)は縦横高さ1mの箱を考え、その中に個数 N_1 の分子が入

っている場合を調べました。一般化して、体積 V の容器に個数 N 個の分子が入っているとすると、$N=N_1V$ なので、(7) から

$$圧力 p \propto \frac{N}{V}T \quad すなわち、pV \propto NT$$

分子数 N はモル数に比例するので、そのモル数を n とし、比例定数を R とすると、これは次のように表現されます。

$$pV = nRT \quad \cdots (1)(再掲)$$

こうして理想気体の状態方程式、すなわちボイル・シャルルの法則の成立する気体の方程式が得られました。

方程式の導出からわかること

理想気体の状態方程式 (1) を導く過程から、理想気体の条件が理解できます。1個の分子の挙動 (6) を単純に総和して得られたのが (7) です。したがって、**理想気体とは、分子同士の影響を全く考慮していない気体**なのです。

理想気体に近い状態　　実際の気体（相互作用あり）

この条件からわかるように、「薄い高温の気体」ならば理想気体の状態方程式の条件を満たします。薄く高温で分子の動きが機敏ならば、「分子の相互作用は無視できる」からです。

理想気体とは、分子同士が互いに干渉しない孤独な分子の集まりからできた気体を意味するのです。

問題にチャレンジ

〔問〕気体定数 R を国際単位で求めましょう。なお、国際単位では、体積は m^3 で、1気圧は $1.013 \times 10^5 N/m^2$ で算出します（N は力の単位ニュートン（§16））。

〔解〕(1)式で、1モル $22.4 l = 22.4 \times 10^{-3} m^3$、$1atm = 1.013 \times 10^5 N/m^2$ を代入して、

$$R = \frac{1.013 \times 10^5 \times 22.4 \times 10^{-3}}{273} = 8.31 \quad (答)$$

§45

ヘンリーの法則
——炭酸飲料の作り方の基本法則

　魚が水中で呼吸できるのは、水中に溶けた酸素をエラから取得しているからです。炭酸飲料の缶の蓋を開けると、炭酸ガスが勢いよく噴出することがありますが、これも水に炭酸ガス（二酸化炭素）が溶け込んでいるからです。このように、液体は気体を溶け込ませる性質があります。その量に関する法則が**ヘンリーの法則**です。

気体の溶解度

　ヘンリーの法則を調べる前に、「気体の溶解度」について調べます。これが理解しにくいのは、温度と圧力の二つの環境の変化によって値が変化するからです。また、その溶解度の示し方にもいろいろな方法があり、混乱を招きます。液体 1ml に溶ける気体の体積を 20℃ 1 気圧の状態に換算した値で示すことが多いのですが、資料を見るときには必ず確認が必要です。

　下図は水 1ml に溶ける 3 つの気体について、温度と溶ける量（20℃ 1 気圧の状態に換算）を示したグラフです。図からわかるように、一般的に温度が高いと溶解度は小さくなります。

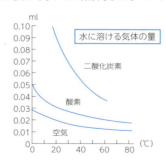

溶解度は温度が上がると減少する
水に溶ける気体の量。縦軸は溶ける気体を 20℃ 1 気圧の状態に換算した値にしている。

これから調べるヘンリーの法則は、温度が一定の場合であることを前提とします。

ヘンリーの法則

温度一定のとき、気体は高圧ほどよく液体に溶けます。これを定量的に表現したのがヘンリーの法則です。1803年、ウィリアム・ヘンリー（1775～1836）により発見されました。

> 一定量の液体に溶ける気体の質量はその気体の圧力に比例する。

上記の「気体の溶解度」の言葉を利用すると、これは次のように簡潔に表現できます。

> 気体の溶解度は圧力に比例する。

次の図を見れば、ヘンリーの法則の成立理由がわかります。この仕組みからわかるように、アンモニアのように化学的に反応して水に溶けやすい気体の場合には、ヘンリーの法則の精度は悪くなります。

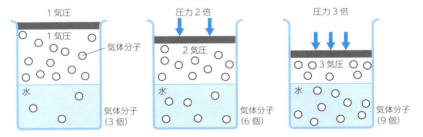

ヘンリーの法則のミクロ的な解釈
気体は熱運動している粒子の集まりと考えられるが、気圧が高くなると、それだけ多頻度で液体に入り込み、溶ける量を増やす。

炭酸飲料の缶の蓋を開けると、炭酸ガス（二酸化炭素）が勢いよく飛び出す秘密はこのヘンリーの法則から説明できます。炭酸飲料の缶には2～3気圧加圧された炭酸ガスが封入されています。ヘンリーの法則か

ら、地上の数倍多くの量の炭酸ガスが封じ込められているわけです。蓋を開けると1気圧に戻るので、余分に封じ込められていた炭酸ガスが一気に外に出るのです。

ビールの泡もヘンリーの法則から
ビールの缶には2～3気圧加圧された炭酸ガスが封入されている。常圧になると、加圧された分だけ多く溶け込んだ炭酸ガスが放出され、泡となる。高山でビールの缶を開けると泡が立ちやすいのも、同じ理由。

ヘンリーの法則の別の表現

　上記のヘンリーの法則の表現とボイルの法則「気体の体積は圧力に反比例する」とを組み合わせると、ヘンリーの法則は次のように言い換えられます。

> **一定量の液体に溶ける気体の体積は圧力に関係せず一定である。**

　圧力を2倍にすると気体は2倍溶けますが、体積は半分になるからです。見かけ上、体積は変わりません。

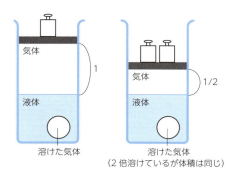

溶ける気体の体積は圧力に無関係
圧力を2倍にすると気体は2倍溶け、体積に換算すると2倍になる。しかし、ボイルの法則から圧力を2倍にすると体積は半分になる。よって溶けた気体の体積は変わらない。

　以上のように、ヘンリーの法則は様々な表現があります。それが学習を混乱させる理由の一つになっています。

混合気体のヘンリーの法則

　地上の空気は、体積にしてほぼ酸素1に対して窒素4の割合の混合気体です。この混合気体において、酸素がどれぐらい水に溶けているかを調べたいときがあります。このときに役立つのが次の法則です。

> 一定量の液体に溶ける気体の質量はその気体の分圧に比例する。

　先に示したヘンリーの法則の中の「圧力」という言葉を「**分圧**」に変えただけです。

　混合気体を構成する気体の「分圧」とは、全体の中でその気体が担う圧力のことです（§43）。例えば地上の空気では、酸素の分圧は1/5気圧です。そこで、酸素が水に溶ける量は1/5気圧の圧力下の溶解度を考えればよいことになります。

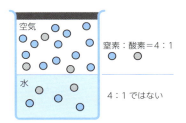

ヘンリーの法則は分圧で成立
1気圧において、水に溶けている空気中の酸素の量を調べたいときには、酸素の分圧が1/5気圧であることを利用する。注意すべきことは、水に溶ける気体の量は気体の種類によって異なる点である。空気において、窒素と酸素の分圧比が4:1だからといって、水中の窒素と酸素の比が4:1にはならない（酸素は窒素の約2倍溶けやすい）。

問題にチャレンジ

〔問〕水 1ml に溶けている空気（酸素1に対して窒素4の体積割合の混合気体）の中の酸素が、1気圧25℃において何 ml かを求めましょう。ただし、25℃において、酸素は水 1ml 当たり 0.03ml 溶けます。

[解]　上記の「混合気体のヘンリーの法則」から、
$$0.03 \times \frac{1}{5} = 0.006 \text{m}l \text{ (答)}$$

§46

ファントホッフの浸透圧の法則
―― 風呂で長湯すると手にしわができる理由

　風呂で長湯すると手にしわができます。それは風呂の水が皮膚に取り込まれ、皮膚がふやけたからです。このふやけるという現象こそ、これから調べる「**浸透圧の法則**」をよく表現しています。

半透膜とは

　半透膜とは一定の大きさ以下の分子だけを透過させる膜のことをいいます。動物や植物の細胞膜には半透膜の性質があります。例えば水の分子だけを透過し塩分を通さない、といった性質を持っています。

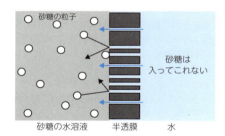

半透膜
生物の細胞膜はこの性質を利用して体内物質の濃度調整をしている。また、身近なものとしてセロファン紙にもこの特性を持つものがある。

　この図が示すように、半透膜にはたくさんの小さな穴が開いており、この穴が通す分子を選り分けるのです。水のような溶媒の分子は自由にこの膜を通過できますが、溶質となる大きな分子や大きなイオンは通過することができません。

浸透圧とは

　以下では水溶液を考えましょう。浸透圧とは濃度の低い方から高い方へ水が移動する圧力のことをいいます。次ページの図は濃いショ糖水と水を半透膜によって隔てています。このとき、水は半透膜を通過してショ

糖水に移動しようとします。その移動しようとする圧力が浸透圧です。

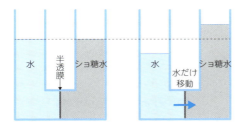

浸透圧
水溶液で考えると、浸透圧とは濃度の低い方から高い方へ水が移動する圧力のことをいう。ちなみに、ショ糖は砂糖の主成分。

浸透圧が生まれる仕組み

浸透圧が生まれる仕組みを調べましょう。上の図のように、左に水、右にショ糖水溶液を入れ半透膜で区切った容器を考えます。

半透膜の両側の水分子やショ糖分子は、熱運動のために、その膜を通り抜けようとします（これを**拡散**といいます）。しかし、大きなショ糖分子は穴が小さいので通過できません。その分、右側の水分子は左に行く機会を失います。相対的に、水分子は左から右へは行きやすく、右から左には行きにくくなります。この差が浸透圧の源です。

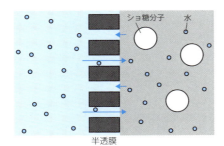

浸透圧の源は拡散の差
半透膜の左右で、分子が拡散しようとする速さは同じ。しかし、ショ糖の分子は体が大きく右から左には行けない。その分、水分子は右から左に行く機会を失う。この機会の不均等が浸透圧を生む。

ファントホッフの浸透圧の法則

浸透圧の大きさを求める法則があります。いま、溶質 n モルが解けた希薄水溶液があり、その体積を V リットルとしましょう。また、温度を絶対温度 T とします。すると、その溶質が電解質でなければ、一

方を純水としたときの浸透圧 P（気圧）は次の式で表せます。

$PV=nRT$ （R は定数で約 0.0821）

この式を**ファントホッフの浸透圧の法則**といいます。
（注）電解質とは、塩などのように水に溶けてイオンに分解するものをいいます。

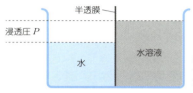

ファントホッフの浸透圧の法則
ここでいう浸透圧 P は一方を
純水としたときに得られる圧力のこと。

溶質 n モル
体積 V（リットル）
温度 T（K）

この方程式は理想気体の状態方程式と一致します。これはモデルとして希薄溶液であることが関係します。下図を見てください。水溶液中に溶質が浮かんでいる様子（左）を描いていますが、その水を見えないようにしてみましょう（右）。これは理想気体の様子と全く同じです。

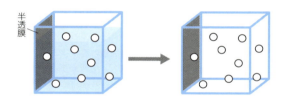

水溶液の水を見えなくすれば理想気体の様子と同じ。

理想気体の圧力は気体が壁にぶつかる頻度に比例しますが、浸透圧も壁にぶつかる溶質の頻度に比例するので、同一の式になると考えられます。

（例題）気温 37℃で、ブドウ糖（分子量 180）5.24g を水に溶かし、100ml にした溶液の浸透圧を求めてみましょう。

（注）**分子量**とはその分子を 1 モル集めたときの質量です。

[解] 先の公式で、次の値が代入されます。

$V = 100\text{m}l = 0.1l$

$n = 5.24/180 = 0.029$ モル

$T = 273 + 37 = 310\text{K}$
（絶対温度）

これらを $PV=nRT$ の公式に代入して、

$P = nRT/V$

$= 0.029 \times 0.0821 \times 310 / 0.1 = 7.4$（気圧）（≒7500ヘクトパスカル）（答）

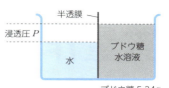

ブドウ糖 5.24g
体積 100ml
気温 37℃

電解質と水和

浸透圧は電解質（例えば塩）でも生まれます。分解（**電離**といいます）して溶質のモル数が増える分、大きな浸透圧が得られます。

ところで、例えば塩はナトリウムと塩素のイオンが結合したものですが、各イオンの大きさは水分子と同程度のものです。どうして、浸透圧現象を引き起こすのでしょう。その理由は水分子の特性にあります。水分子は電気を帯びたものに付着する性質があるのです（これを**水和**といいます）。そのため、イオンは水分子で着膨れし、半透膜の穴を通れないのです。

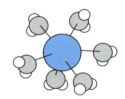

Cl⁻近くの水分子の配置

問題にチャレンジ

〔問〕ナメクジに塩をかけると小さくなる理由を考えましょう。

[解] 塩はナメクジの表面に付着し濃い塩水になり、細胞膜を介して体液との間に浸透圧が生まれ、塩水の方に体内の水が移動するからです。(答)

§47

質量作用の法則
──化学平衡を論じるときの基礎法則

　コップの水にショ糖（砂糖の主成分）をたくさん入れる実験を考えましょう。よくかき回しても、ショ糖はコップの底に一部が溶けずに残ってしまい、放置するとそれ以上は何の動きもありません。このように外部から見て安定した状態を**化学平衡の状態**、または簡単に**平衡状態**といいます。外見からは面白くも何ともない現象ですが、そこに面白いミクロの秘密が隠されています。

化学平衡をミクロに見ると

　平衡状態をミクロの世界で見てみましょう。するとコップの中の分子はじっとしていないことがわかります。大気から熱エネルギーを受け取り、絶えず動き回っています。固まりのショ糖分子が水に溶け出したり、溶けていたショ糖分子が固まりに戻ったりしています。平衡状態とはこのような状態なのです。

平衡状態
溶け残ったショ糖は常に入れ替わっている。このような状態が平衡状態。

　この平衡状態を表す記号として⇄を用います。
　　ショ糖（固体）　⇄　ショ糖（融解）
　もう一つの身近な平衡状態の例としては、電池の内部の状態があげられます。電池は電流を流さなければ内部では何の化学反応もしていないように思えます。しかし、実情は異なります。電極の近くでは常に分子の入れ替えがなされているのです。

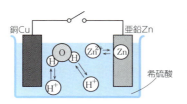

ボルタの電池の中
電池の例としてボルタの電池を見てみよう。外見に変化が無くても、電極の近くでは亜鉛がイオンとなったり電極の亜鉛に戻ったりしている。また、水溶液では、水分子が水素イオンを放出したり、またその逆が起こったりしている。

化学平衡と反応速度

このように、外見には変化が無いのに内部では騒々しい現象が起こっていることを、どう理解したらよいでしょうか。そこで登場するのが**反応速度**という考え方です。これを次の平衡状態の式で見てみましょう。

$$A \rightleftarrows B$$

この反応が平衡状態であるということは、AからBに行く反応の速度と、BからAに行く反応の速度が等しいと考えるのです。左右の変化の速度が等しいならば、外見は何も変化しないからです。

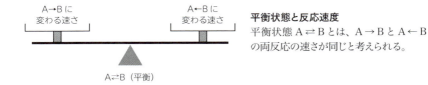

平衡状態と反応速度
平衡状態 $A \rightleftarrows B$ とは、$A \to B$ と $A \leftarrow B$ の両反応の速さが同じと考えられる。

平衡状態 $A \rightleftarrows B$ において、右に行く変化を**正反応**、左に行く変化を**逆反応**といいます。これらの言葉を利用すると、平衡状態は次のように表現されます。

> **平衡状態とは、正反応と逆反応の反応速度が同じ状態をいう。**

これが現代の平衡状態に対する解釈です。

反応速度の時間的変化

平衡状態 $A \rightleftarrows B$ を経時的に追跡してみましょう。それを表現するのが次ページの図です。

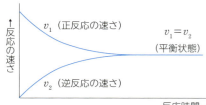

反応速度の経時的な様子
平衡状態になるとき、反応 A ⇄ B において右方向の反応（正反応）の速度が最初は速いが、次第に逆反応と同じになる。

　先のショ糖水溶液の例で考えてみましょう。最初、ショ糖は勢いよく溶け出しますが（正反応）、次第に濃度が高くなり、水分子との接触が減って溶ける速度は小さくなります。濃度が高くなったショ糖同士は衝突し合って固まりに戻る（逆反応）速さが増します。こうして正反応の速さが減少し、逆反応の速さが増大して、最終的に両者が等しくなり、反応が止まって見える状態（平衡状態）に達するのです。

質量作用の法則

　化学反応が平衡状態にあるとき、次の大切な法則が成立します。

> **次のような化学反応を考え、それが平衡状態にあるとする。**
> $$aA + bB \rightleftarrows cC + dD$$
> **このとき、次の関係が成立する。**
> $$\frac{[C]^c[D]^d}{[A]^a[B]^b} = K \quad (K は\text{平衡定数}と呼ばれる定数)$$

　この法則を**質量作用の法則**（または**化学平衡の法則**）と呼びます。[A]、[B]、[C]、[D] は物質 A、B、C、D の**モル濃度**です。1 リットルの中に物質が何モルあるかを示します。

　（注）「質量作用の法則」は英語の law of mass action。mass を質量と訳したのは誤りという人もいますが、ここでは昔の呼び名を踏襲します。

　大切なことは、平衡定数 K が温度にだけ関係することです。したがって、温度が一定ならば、どんなときにも利用できる公式です。

（例1）窒素（N_2）と水素（H_2）から
アンモニア（NH_3）を生成する化学反
応を考えましょう。これは次の化学反
応式で平衡状態を保ちます。

$$N_2 + 3H_2 \rightleftarrows 2NH_3$$

すると、温度が一定のとき次式が成
立します。

平衡状態のとき、$\dfrac{[NH_3]^2}{[N_2][H_2]^3}$ は一定

$$\frac{[NH_3]^2}{[N_2][H_2]^3} = K \text{（一定）}$$

問題にチャレンジ

〔問〕酢酸（CH_3COOH）とエタノール（C_2H_5OH、すなわちエチル
アルコール）から酢酸エチル（$CH_3COOC_2H_5$）が作れます。これは
接着剤の成分として有名です。この反応は次の通りです。

$$CH_3COOH + C_2H_5OH \rightleftarrows CH_3COOC_2H_5 + H_2O$$

この実験で、反応の平衡定数は 4.0 であることが知られています。
酢酸 2.0 モルとエタノール 3.0 モルを混合して平衡状態になったと
き、酢酸エチルは何モルになっているか求めてみましょう。

〔解〕質量作用の法則から、$\dfrac{[CH_3COOC_2H_5][H_2O]}{[CH_3COOH][C_2H_5OH]} = 4.0$

生成された酢酸エチルを x モルとすると、容器の体積を V として

$$[CH_3COOH] = \frac{2.0-x}{V} 、[C_2H_5OH] = \frac{3.0-x}{V}$$

$$[CH_3COOC_2H_5] = \frac{x}{V} 、[H_2O] = \frac{x}{V}$$

上記の質量作用の公式に代入して、$\dfrac{x/V \cdot x/V}{(2.0-x)/V \cdot (3.0-x)/V} = 4.0$

整理すると、$3x^2 - 20x + 24 = 0$
$0 < x < 2.0$ の条件でこれを解いて、$x \fallingdotseq 1.6$ モル（答）

§48

ラウールの法則と沸点上昇
―― 分子の拡散の仕組みをよく示す法則

　料理の最中、沸騰している湯に塩や砂糖を入れると、沸騰が一時止まります。**ラウールの法則**が成立しているからです。

気液平衡と蒸気圧

　ラウールの法則を調べる前に、準備として**気液平衡**という現象を見てみましょう。難しく聞こえる言葉ですが、密封容器の中に液体が閉じ込められ放置されている様子を表現しているだけです。

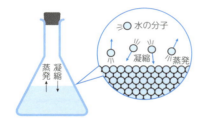

気液平衡
気体と液体が同居して平衡状態になっている状態。図は密閉されたフラスコの中に水が入っている例。

　外から見ればなんの変化もありません。しかし、原子・分子レベルで見ると、にぎやかです。気体の部分（気相）と液体の部分（液相）の境では絶えず分子が入れ替わっているのです。すなわち気相と液相が平衡状態（§47）になっているのです。液体が気体になる速さと気体が液体になる速さが同じなので、マクロの世界では静止しているように見えるのです。これが「気液平衡」です。

　気相にある分子は熱運動して飛び回っているので、当然圧力を生みます。これを**飽和蒸気圧**（略して**蒸気圧**）といいます。飽和蒸気圧は温度によって変化をします。それを示すのが**飽和蒸気圧曲線**（略して**蒸気圧曲線**）です（次ページ上）。

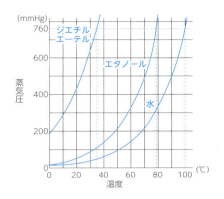

蒸気圧曲線
気液平衡のときに、気相にある気体の圧力。蒸気圧が1気圧を超えると、外気の1気圧を押しのけ、沸騰を始める。それが点線部。

蒸気圧降下

話を簡単にするために、具体例で考えましょう。いま、気液平衡の状態の水の中にショ糖（砂糖の主成分）を少し入れてみましょう。すると、水の蒸気圧（水蒸気圧）が下がります。この現象を**蒸気圧降下**と呼びます。

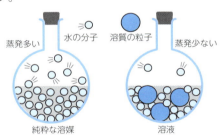

具体例
溶媒として水を、溶質としてショ糖を考える。ショ糖の存在は水の気相への拡散確率を下げ、蒸気圧を下げる。これが蒸気圧降下のメカニズム。

蒸気圧曲線で、この効果を見てみましょう。水に少しショ糖を入れると、蒸気圧曲線は右に移動するのです。

以上のことは水を溶媒、ショ糖を溶質と置き換えることで、そのまま一般化できます。

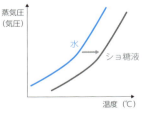

ラウールの法則

具体的にするために、水とショ糖の例を引き続き考えることにしまし

ょう。ショ糖の量が少なければ、次の法則が成立します。

> 水溶液の蒸気圧降下は溶液中のショ糖のモル数の割合と水の蒸気圧との積になる。

これを**ラウールの法則**と呼びます。
（注）ラウールはフランスの化学者（1830～1901）。

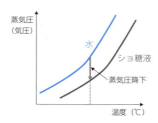

この法則は、希薄溶液であれば、多くの水溶液で成立します。水を溶媒、ショ糖を溶質と置き換えることで、そのまま一般化できます。

> （例題）1気圧100℃のもとで、1kgの水にショ糖（分子量342）を1g入れたとき、水の蒸気圧はどれくらい下がるでしょうか。

[解] ショ糖1gは 1/342＝0.0029 モル。水1kgのモル数は 1000/18＝55.6 モル。1気圧100℃のときの蒸気圧は1（気圧）なので、下がる蒸気圧の値（蒸気圧降下）は

$$1（気圧）\times 0.0029/(55.6 + 0.0029) = 0.000052（気圧）（答）$$

本節の最初に、「沸騰する湯に砂糖を入れると沸騰が一時止まる」という例をあげましたが、その理由がわかりました。しかし、この例からわかるように、1g程度だとその効果は微小です。

沸点の復習と沸点上昇

（例題）では、ラウールの法則を用いて、ショ糖の混入により1気圧における水の蒸気圧がどれだけ下がるかを調べました。ところで、溶質混入により水の蒸気圧は下がりましたが、水の沸点から見ると上昇し

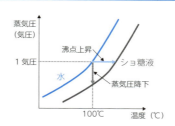

ます（前ページの図）。この現象を**沸点上昇**といいます。どれくらい沸点が上昇するかは次のとおりです。

> **溶液の沸点上昇の温度は質量モル濃度に比例する。**

こうして得られる沸点上昇の温度を沸点上昇度といいます。
（注）質量モル濃度とは溶媒1kg当たりの溶質のモル数をいいます。

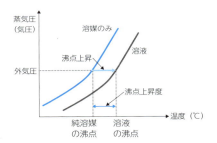

沸点上昇と沸点上昇度
溶媒と溶質の分子数の比が上昇度を決めるのはラウールの法則と同じ仕組み。

問題にチャレンジ

〔問〕1気圧のもとで、水1kgに不揮発性非電解質の物質を0.01モル溶かした水溶液の沸点は100.05℃であった。水1kgにこの物質を0.02モル溶かした水溶液の沸点は何℃か。

［解］この物質0.01モルの沸点上昇度は0.05。沸点上昇度は溶質のモル数に比例するので、0.02モル溶かすと沸点上昇度は2倍の0.10。よって、沸点は、100＋0.10＝100.10℃（答）

メモ

凝固点降下

　水に不純物を混ぜると沸点が上昇します。同様に、水に不純物を混ぜると凝固点が下がります。これを**凝固点降下**と呼びます。例えば、冬の路面凍結を防ぐために融雪剤を撒きます。この成分は塩や塩化カルシウムであり、撒くことで水の凝固点が下がる効果を狙っているのです。

§49

熱力学の第一法則
―― 変化の前後でエネルギーの総量は不変

　§19 では、力学的エネルギーについてのエネルギーの保存則を調べましたが、エネルギーが保存されるのは力学的エネルギーだけではありません。熱エネルギー、内部エネルギーを含めて保存されるのです。

熱エネルギー

　蒸気機関車は石炭から熱を得てお湯を沸かし、その蒸気の力で列車を引っ張ります。熱は仕事（§7、§19）を生み出せるのです。この意味で熱はエネルギーと考えられます。

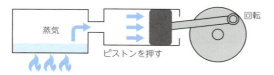

蒸気機関の原理
熱は仕事ができる、すなわちエネルギーになるので、熱エネルギーとも呼ばれる。

　熱がエネルギーの一形態であり、それが他のエネルギーに変身することは、寒い日に手をこすると体感できます。「手をこする」という運動エネルギーが**熱エネルギー**に変換されたのです。

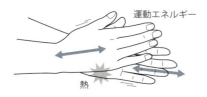

仕事は熱に変わる！

内部エネルギー

　厳密な議論のできる次ページの図に示すモデルを考えましょう。これは熱エネルギーを仕事に変える機械である**熱機関**と呼ばれるものの一つ

218

です。
　熱を通さない円筒に理想気体が入れられ、熱を通さないピストンが付けられていて、空気を漏らさず円筒の中を摩擦なく自由に往復できるように作られています。

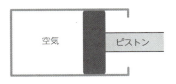

　さて、ピストンを固定して円筒の中の空気を加熱してみましょう。

　外見は何の変化も起こりません。単に中の空気が暖められただけです。力学的に考えればエネルギー保存則は成立していないように見えます。ここで**内部エネルギー**が登場します。加えられた熱エネルギーは中の空気の内部に蓄えられたと考えるのです。こうして、エネルギーの保存則は守られると考えるのです。

内部エネルギーは立派なエネルギー

　内部エネルギーが「エネルギー」であることを見るために、上記状態 (b) に続いて、ピストンを手で押さえながら固定ピンを取り外してみます。手は力を感じるはずです（状態 (c)）。手で抑えながら、力を感じなくなるまでピストンを自由に動かしてみましょう。するとピストンは右側のある点まで移動します（状態 (d)）。ピストンは手に仕事をしたわけです。こうして、内部エネルギーが仕事をする能力を持っていることがわかりました。

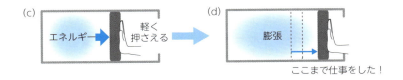

「エネルギー」とは仕事をする能力と定義されます（§19）。「内部エネルギー」と呼ばれる資格があることを確かめられたのです。

熱力学の第一法則

様々な実験を通して、内部エネルギー U の増加は外部から与えられた仕事 W、外部から加えられた熱 Q の和であることが確かめられました。力学的エネルギーの保存法則（§19）に加えて、熱を含めたエネルギーの保存則が成立することが確かめられたのです。これを**熱力学の第一法則**と呼びます。式で書くと次のようになります。

$$\text{内部エネルギー } U \text{ の増加} = \text{加えた外部の仕事 } W + \text{加えた外部の熱 } Q$$

エネルギーというアイデアは人類の最大の発見の一つです。このエネルギーという概念を通して、運動、熱、電気の様々な変化の形態が統一的に説明できるようになりました。

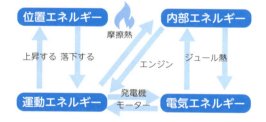

エネルギーというアイデアを通して、自然現象の変化が統一的に理解できるようになる。

内部エネルギーの正体

この円筒の実験において、内部エネルギーの正体は何でしょうか。

これまで何度か調べてきたように、気体とは原子や分子が自由に飛び回っている状態です。飛び回っているので液体や固体のように形がないわけですが、どうして飛び回れるのでしょうか。その理由は**運動エネルギー**を持っているからです。この運動エネルギーこそ、理想気体の内部エネルギーの正体です。熱をもらうことで気体全体の運動エネルギーが増し、原子や分子の飛び回る速さが増大します（先の図の状態 (b)）。飛び回る速さが大きくなれば、ピストンに当たる原子や分子の勢いは大

きくなり、圧力が増加します。その圧力がピストンを押し、外に仕事をする能力になったのです（先の図の状態 (c)）。

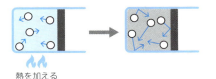

ピストン内の気体の様子
熱を得ると原子や分子の運動が活発になり、温度が上がる。

熱を加える

第一種の永久機関

昔から永遠のエネルギーを得ることは人類の夢でした。そこで、例えば下図に示すようなアイデアを提唱する人がいました。水を毛細管現象で持ち上げ、その持ち上がった水を外に出して微小な水車を回す、というアイデアです。この水車で発電すれば、外からエネルギーや仕事を与えなくとも、永遠に電気エネルギーが得られることになります。このような熱機関を**第一種の永久機関**といいます。

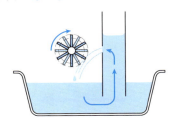

第一種の永久機関
毛細管現象で無限に回り続ける水車。この水車で発電すれば、永遠のエネルギーが得られ、エネルギー問題は解決することになるが…。

しかし、熱力学の第一法則（すなわちエネルギー保存の法則）があるため、このような装置は作れないのです。

問題にチャレンジ

〔問〕219 ページの図 (c) の状態で、ピストンの断熱性をなくして、円筒内の空気を外気と同じ温度にしたとき、ピストンはどこで停止するでしょうか。

［解］ 与えられた熱の影響はすべて外に出てしまうので、再び (a) の状態に戻ります。（答）

§50 熱力学の第二法則
──エントロピーは増大するという自然法則

　熱を含めたエネルギー保存の法則が熱力学の第一法則でした。ところで、この法則は「対象とする全体のエネルギーは不変」ということを述べているだけで、どちらの向きに変化するかについては触れていません。

　例えば、水の入ったコップにインクを 1 滴たらしてみましょう。インクの滴は時間を置くと拡散し一様に広がります。しかし、熱力学の第一法則だけを仮定するなら、その逆の現象、すなわち一様に混ざったインクが水の中で滴となって集まる現象があってもおかしくはありません。

　また、例えば暑い夏の日に皿に置いた氷は大気の熱を吸収して融けますが、逆に融けた水が大気に熱を返して自らは凍るということがあってもおかしくはありません。

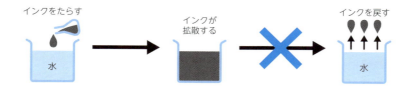

　しかし、現実にはこのような現象は起きません。これをどう説明すればよいのでしょうか。

可逆と不可逆

　世の中の現象を撮影し、その録画を逆戻しすると違和感があります。このように、逆戻りができない現象を**不可逆変化**といいます。反対に、振動する振り子のように、時間を逆にしても違和感のない現象を**可逆変化**と呼びます。マクロの世界では、可逆の現象はモデルで仮定する理想的な場合だけです。上で例示したインクの滴の拡散現象は典型的な不可

逆変化です。

熱力学の第二法則

　熱が関係する変化の多くは不可逆です。19 世紀中頃、熱現象がどうして不可逆変化なのかについて、明確な解答は得られませんでした。そこで、熱力学の第一法則とは別に、変化の向きを決める法則が提唱されました。それが**熱力学の第二法則**です。表現にはいろいろありますが、次のものは最もわかりやすい表現でしょう。

> 熱が高温物体から低温物体に何の変化も残さないで移動する過程は不可逆である。

　実際、日常経験では、温度の高い方から低い方へ熱が移動します。逆のことは起こりません。先にも述べたように、夏の暑い日に氷を放置すれば融けますが、その逆は起こらないのです。

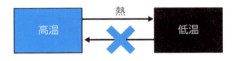

熱力学の第二法則
何の作用もしなければ、熱が低温から高温に伝わることはない。

第二種の永久機関はなぜ不可能か？

　熱力学の第二法則が成立しなければ、すなわち熱の移動が可逆ならば、人類にとって大変ありがたいことかもしれません。永遠に働き続ける永久機関を動かすことができます。例えば、下図の船は海から熱を得て、可逆変化を利用して高温と低温に分離し、得た高温で蒸気機関を動かして船を走らせる様子を描いています。

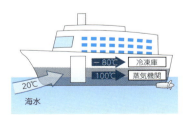

海水から熱を取り蒸気機関を動かし船を走らせる図。このような熱機関を**第二種の永久機関**という。

このように、熱力学の第二法則に反する熱機関を**第二種の永久機関**と呼びます。

エントロピーの発見

可逆変化のとき、変化の過程で出入りした熱量 Q をそのときの絶対温度 T で割った値

$$\frac{熱}{温度} = \frac{Q}{T} \cdots (1)$$

を加え合わせてみましょう。すると、不思議なことに、どのような経路の変化を選んでも値が一致します。

すなわち、可逆の変化において、変化の経路に従って（1）を加え合わせた量は状態で決定される量（状態量）なのです。位置エネルギーのように理解できるわけです。

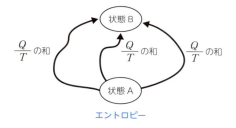

可逆変化のとき、変化の過程で (1) の和を求めると2つの状態 A、B だけで値が決まる。すなわち、エネルギーのように、(1) の和はある種の状態量である。

1865 年、ドイツの科学者クラウジウスはこの発見を論文に発表しました。このように（1）の和の計算で求められる状態量を**エントロピー** (entropy) といいます。エントロピーは「エネルギー」の en と「変化」を意味するギリシャ語 tropy の合成語です。

エントロピーの増大法則

いま、エントロピー S_A を持つ状態 A から、エントロピー S_B を持つ状態 B に状態が不可逆変化したとします。このとき、実際の変化の過程で（1）の計算をすると、二つの状態で決まるエントロピーの差 $S_B - S_A$ よりも小さくなることが証明できます。

実際の変化の（1）の計算値 $< S_B - S_A$ $\cdots$ (2)

外部とのやり取りのない孤立系で考えてみましょう。このとき、熱Qの出入りはないので、実際の変化の過程で（1）は0になります。すると、（2）の左辺は0になるので、次の関係が成立します。

$$S_A < S_B$$

すなわち、孤立系で変化する不可逆現象では、変化の前後の状態でエントロピーは増大することになります。これを**エントロピーの増大法則**といいます。

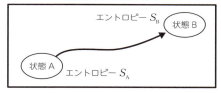

エントロピーの増大法則
孤立系でAからBに不可逆的に状態が変化したとき、変化の前後でエントロピーは増大することになる。

宇宙も全体で考えれば孤立系です。すると、宇宙全体でエントロピーは常に増大していることになります。

以上の計算の意味を、次の例題で確かめてみましょう。

問題にチャレンジ

〔問〕高温の熱源1（温度T_H）から低温の熱源2（温度T_L）に熱Qが移動した。この現象で全体のエントロピーが増えることを確かめましょう。

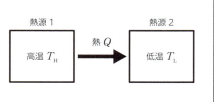

〔解〕可逆変化でたどると、高温の熱源ではエントロピーが$\dfrac{Q}{T_H}$だけ減り、低温の方では$\dfrac{Q}{T_L}$だけ増えます。全体のエントロピーを加えてみましょう。

$$\frac{Q}{T_L} - \frac{Q}{T_H} = Q\left(\frac{1}{T_L} - \frac{1}{T_H}\right) > 0$$

すなわち、エントロピーは増大しているのです。（答）

不可逆変化のミクロ的な意味

　日常経験する現象のほとんどは不可逆です。その理由を酸素と窒素を混ぜる実験で見てみましょう（下図）。2部屋に別々に密封されていた酸素と窒素の壁を外すと、2つの分子は混ざり合います。

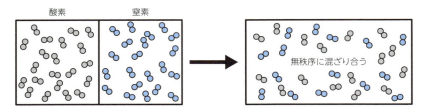

　混ざった酸素と窒素はその数があまりに膨大なので戻すことはできません。これが不可逆変化の正体なのです。ちなみに、エントロピーは、この『無秩序な状態の度合い』を数値で表す指標であることがわかっています。

　実際、上の変化の方向は取りうる状態が増える方向に向かっています。秩序から無秩序に移行するということは、それだけ取りうる状態数が大きくなると解釈できるのです。そこで、分子運動論的に取りうる状態数を W とすると、エントロピー S はミクロの式として次のように書けることが知られています。

$$S = k\log W \quad (k\text{ は定数、対数は自然対数})$$

　これを**ボルツマンの原理**と呼びます。

📝 メモ

熱力学の第三法則

　熱力学の第三法則は第一法則や第二法則に比べて抽象的でわかりにくいのですが、同値の表現として次の二つを紹介しましょう。
・絶対零度でエントロピーはゼロになるという法則。
・有限の操作で絶対零度を作ることはできないという法則。

第5章

化学反応を理解すれば化学が好きになる！

PHYSICS AND CHEMISTRY
LAW
PRINCIPLE
FORMULA

§51

元素の周期律
―― 現代科学はこれを知らずして語れない

　元素を原子番号順に並べると性質のよく似た元素が周期的に出現するという法則を**元素の周期律**といいます。ロシアの科学者メンデレーエフ（1834〜1907）が1869年に発見したことから、その周期性を表現した表を**メンデレーエフの周期表**と呼びます。現代の科学はこの周期律の前提がないと語れないほど大切な法則です。

　元素発見の物語、及び周期律の歴史については、それだけで厚い一冊の本になってしまいます。ここでは歴史的な経緯は割愛し、現代的な観点から見てみることにしましょう。

元素はelement、原子はatom

　「元素記号」「原子番号」などと、元素と原子は紛らわしい言葉です。しかし、原子と元素に対応する英語は明確に異なります。元素は

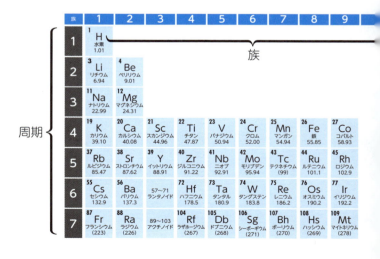

element、原子は atom です。

英語の語感からわかるように、化学的にこれ以上分けられない純粋な物質の素を「**元素**」と呼び、その実体となる粒を「**原子**」と呼びます。例えば、鉄の金属は「鉄」という元素からできていますが、その具体的な構成因子が「鉄原子」なのです。

「族と周期」に分けて考える

メンデレーエフの周期表の行（すなわち横の並び）を**周期**と呼びます。「第1周期はヘリウムと水素」などのように表現されます。この周期の順に周期表を覚える秀逸な語呂合わせが昔から知られています。

水兵リーベ僕の船、なな曲がりシップス、クラークか

水（H：水素）兵（He：ヘリウム）リーベ（Li：リチウム、Be：ベリリウム）僕（B：ホウ素、C：炭素）の（N：窒素、O：酸素）、船（F：フッ素、Ne：ネオン）など、この調子で第4周期初めまでの元素が順番に上手に織り込まれています。ちなみに、「リーベ」とは「愛する」を意味するドイツ語です。

このように、周期表のどこに原子が位置するかを覚えることは大切です。なぜなら、周期表のどこに位置するかで、原子の化学的な性質はおおよそ決定されるからです。

しかし、周期表を横に覚えることは賢くありません。周期表の特徴からわかるように、周期を表す縦の列が大切なのです。この縦の列を**族**と呼びます。そして、同じ族内にある元素を**同族元素**といいます。周期表の同族内では性質のよく似た元素が並んでいます。特に有名なものが第1列の族の**アルカリ金属**、第2列の**アルカリ土類金属**、第17族の**ハロゲン**、第18族の**希ガス**です。

周期表の周期は何が決める？

　よく知られているように、原子は**原子核**と**電子**からできています。その原子核は**陽子**と**中性子**からできています。下図は中性子が2個のヘリウム原子について、そのモデルを示しています。

原子核（プラス）の周りを、
電子（マイナス）が高速度で
運動している。

　その電子の配列は、不思議なことに殻の構造をとります。原子番号とは原子の持つ電子数ですが、その電子は内側から2個（K殻といいます）、その外に8個（L殻といいます）、さらにその外に18個（M殻といいます）というように殻をまとっていくのです。殻に電子が埋まると、化学反応をしない安定した元素になります。

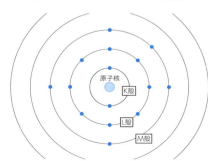

殻モデルと各殻の最大電子数
原子を電子の殻がまとう。その殻に収容される電子数は下表のような制限がある。

殻番号	1	2	3	4	5	6
殻　名	K殻	L殻	M殻	N殻	O殻	P殻
収容数	2	8	18	32	50	72

物質の化学的性質は原子番号、すなわち核の周りにある電子数によって決定づけられます。化学的な特性にとって特に重要なのは最外殻の電子数です。この最外殻の電子を**価電子**といいますが、化学結合などでは価電子が主役を演じます。価電子がない、すなわち最外殻に電子を持たない原子は安定しています。それが希ガスです。

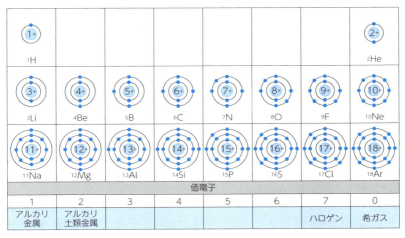

（注）電子配置の詳細については§61、§62を参照してください。

問題にチャレンジ

〔問〕ナトリウムNaがイオンになりやすい理由を、上記の殻モデルで説明してみましょう。

［解］　下図のように、Na原子には1個の電子（価電子）がありますが、それを失うとネオンNeと同一の構造になり安定します。こうして、ナトリウム原子はイオンになりやすいのです。（答）

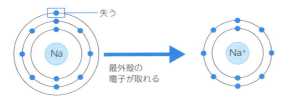

「電子（マイナス）が1つ取れた」ので「プラス」になる（Na → Na⁺）。これはNe（ネオン）と同一で安定。

第5章　化学反応を理解すれば化学が好きになる！
元素の周期律

§52

ボルタ列
──現代でいうイオン化傾向のこと、これが電池理論の出発点

現代社会で電池のない生活は考えられません。テレビをつけるリモコンにも、スマートフォンを利用するにも、電池は不可欠です。その電池の出発点が「ボルタの電堆」、「ボルタの電池」です。

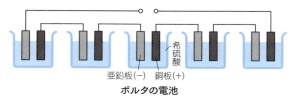

ボルタの電池

ここで現れるボルタ（1745〜1827）とはイタリアの学者の名です。この電堆、電池を発明する中で、彼は**ボルタ列**（現代でいう金属の**イオン化傾向**）を発見しました。このボルタ列こそが、現代の最先端のリチウムイオン電池や燃料電池の基礎法則になるのです。

ボルタ列からイオン化傾向へ

現代を支える電池の仕組みは、基本的にはボルタの電池と変わりありません。その仕組みを支えるのが**ボルタ列**です。これは、1797年にアレッサンドロ・ボルタにより発見された次の金属の順番です。

> 亜鉛（Zn）、鉄（Fe）、スズ（Sn）、鉛（Pb）、銅（Cu）、銀（Ag）、金（Au）

この順番は電気を通す水溶液（電解液）の中で陽イオンへの「なりやすさ」を示したものです（列の左に行くほど陽イオンになりやすい）。ボルタが電池を改良しようとする中で発見した経験則で、いまの高校生はさらに種類が増やされ、**イオン化傾向**という名前で覚えさせられます。

K, Ca, Na, Mg, Al, Zn, Fe, Ni, Sn, Pb, (H), Cu, Hg, Ag, Pt, Au

水素よりも左側の金属は水素イオン（H⁺）が関与する酸によく溶けることを表します。

この覚え方にもいろいろありますが、次のものが有名です。
「貸(K)そうか(Ca)な(Na)、ま(Mg)あ(Al)当(Zn)て(Fe)に(Ni)すん(Sn)な(Pb)ひ(H)ど(Cu)す(Hg)ぎ(Ag)る借(Pt)金(Au)」
同様に、「かね貸そう、まあ当てにするな、ひど過ぎる借金」

どうして金属が電池になるのか？

ボルタの電堆や電池がどうして電流を作れるのかを、ボルタの電池の1ユニットを取り上げて調べてみます。これは薄い硫酸（希硫酸）に銅と亜鉛の板を入れたものです。電子の動きを、ステップを追って見ることにしましょう。ステップ②でボルタ列が生かされます。

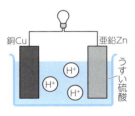

①銅と亜鉛の板を薄い硫酸（希硫酸）に入れます。水溶液中では、最初、水（H₂O）が多少分解されていて、水素イオンH⁺が液中を浮遊しています。

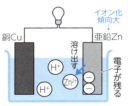

②水素よりイオン化傾向が大きい亜鉛が板の表面から陽イオンとして溶け出し、遊離します。すると、元の亜鉛板には電子が残ります。

233

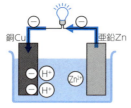

③亜鉛板の中の電子同士は反発し、導線で結ばれているもう一方の銅板に向かいます。電気が流れたのです！ 電池の働きをしたことがわかります。ちなみに、負の電気を持つ電子が亜鉛から銅に流れるので、電流は銅から亜鉛に流れることになります。そこで、銅が陽極（＋極）、亜鉛が陰極（－極）になります。

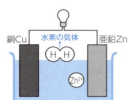

④銅板の電子に引き寄せられて、水溶液中の水素イオン H^+ が集まり、電子をもらって水素分子になります。こうして、亜鉛板に生まれた電子は水素を発生して旅を終え、再び①の振り出しに戻ります。

「ボルタの電堆」「ボルタの電池」の歴史的意義

　ボルタはボルタの電堆（でんたい）と呼ばれる電池も発明しています。これは銅と亜鉛の板の間に塩水を湿らせた布をはさみ、重ねたものです。

　さて、ボルタの電堆・電池の発明は、電気・磁気の研究に大変重要な意味を持ちました。その発明が豊かに安定して流れる電流を初めて人類に与えたからです。この発明までは、電気は主に静電気から得られていました。ためた静電気は一瞬にして流れ去ってしまいます。しかし、電池ならば、長い時間持続する電流が得られます。こうして、ボルタの電池の発明以降、電気・磁気の実験が容易になり、様々な発見・発明がなされることになります。

ボルタの電池の発見のきっかけ

　現代では小学校の実験でも確かめられているボルタの電堆や電池ですが、この発見には電気史上有名な論争がありました。イタリアの医学者ガルバーニ（1737〜1798）の主張する「動物電気」とボルタとの論争です。

　1780年、ガルバーニは鉄柵にぶら下げられたカエルの足に黄銅（真鍮（ちゅう）とも呼ばれる）でできた針金が触れると、足が痙攣（けいれん）することを発見しました。これが世紀の発見につながるとは、ガルバーニ本人も気づかな

かったことでしょう。

　これまで得ていた生理学上の経験から、彼はそれに「動物電気」という名称を付与しました。動物から電気が発生すると考えたからです。

　しかし、ボルタはそれに納得せず、試行錯誤の末、2種の金属と電気を通す液体との組み合わせが電気を生むと考えたのです。そして、銀と亜鉛の板の間に塩水で湿らした紙をはさみ、それを自ら発明した検流計（電気が流れたかを調べる計測器）につなげると、実際に電気が流れることを発見します。こうして、動物電気を否定し、「2種の金属が電気を作る」という新たな電気理論を作り上げたのです。1794年のことです。

　ボルタは得られる電圧を高めるために、その銀と亜鉛の板の間に塩水で湿らした紙の組み合わせを積み重ね、さらに強い電流が得られるものを作り上げました。これが「**ボルタの電堆**」です。

　ボルタはさらに電圧を高めるために、様々な金属と水溶液の組み合わせを模索しました。その研究の中で「ボルタ列」を発見するのです。その結果、銅と亜鉛、そして硫酸溶液を利用したものが強い電流を発生することを確認しました。これが「**ボルタの電池**」です。

問題にチャレンジ

〔問〕次の2つの金属の組み合わせ(1)、(2)で、どちらが強い電流を発生する電池が作れるでしょうか？
　　　(1) 銅と亜鉛　　(2) 銅と鉄

[解]　ボルタ列で、遠く離れている方が生まれる電圧が高いので(1)（答）

§53

ファラデーの電気分解の法則
―― 電気分解は電子が演出

電子という電気現象の実体がまだ発見されていなかった頃、電気分解のときに流れた電気量と変化した物質の質量との関係について、ファラデー（§33）は、1833年、**ファラデーの電気分解の法則**、または略して**ファラデーの法則**と呼ばれる次の法則を発見しました。

> (I) 陰極または陽極で変化する物質の質量は通じた電気量に比例。
> (II) イオン1モルの質量を、そのイオンの価数で割った質量を電気分解するのに要する電気量は、イオンの種類に関係せず一定。

（注）1モルとは 6.0×10^{23} 個のことをいいます（§41）。なお、イオン1モルの質量を、そのイオンの価数で割った質量をイオンの**グラム当量**といいます。

電気分解でファラデーの法則を知る

例として「水の電気分解」を用いて、このファラデーの法則の意味を現代的に順次読み解いてみましょう。

水の分子を化学記号で表現すると H_2O、すなわち2個の水素と1個の酸素が結合してできた分子です。この分子に電気エネルギーを加え、酸素と水素に分解するのが「**水の電気分解**」です。

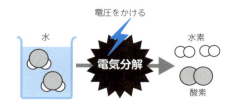

水の電気分解
多くの物質は高い電圧をかけ電流を流すと分解される。これを電気分解という。

さて、通常は電気が通りやすくなるよう水に希硫酸や水酸化ナトリウムを加えます。この硫酸や水酸化ナトリウムのように、水に溶けてイオンになる物質を**電解質**と呼びます（§46）。

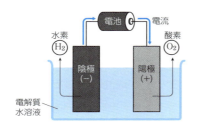

水の電気分解
反応式は次のようになる。
　　　水 → 水素 ＋ 酸素
化学反応式で表現すると、
　　　$2H_2O \rightarrow 2H_2 + O_2$
なお、電気が通りやすくなるように水に希硫酸や水酸化ナトリウムを加える。このような物質を電解質という。

水の電気分解で電気が流れるとき、電池のマイナス側からプラス側に電子が移動しています。その電子（e^-）は陰極（マイナス側の電極）で水（H_2O）と反応し、水素（H_2）を発生させます。電子を主人公にして、陰極での反応を式にしてみましょう。

陰極：2つの水分子（H_2O）＋ 2つの電子（e^-）
　　　→ 1つの水素（H_2）＋ 2つの水酸化物イオン（OH^-）　…（1）

（注）OH^-を**水酸化物イオン**といいます。昔は**水酸イオン**といわれました。

（1）の水酸化物イオン（OH^-）は電解質中を陽極側に移動し、そこで電子（e^-）を失い、次の反応で酸素（O_2）が発生します。再び電子を主人公にして、陽極での反応を式にしてみましょう。

陽極：2つの水酸化物イオン（OH^-）
　　　→ 1つの水（H_2O）＋半分の酸素（O_2）＋ 2つの電子（e^-）　…（2）

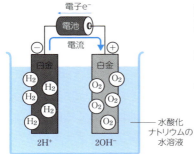

詳しく見た水の電気分解
陰極で
　　$2H_2O + 2e^- \rightarrow H_2 + 2OH^-$
陽極で
　　$2OH^- \rightarrow H_2O + \dfrac{1}{2}O_2 + 2e^-$
の反応が起こる。まとめて、
　　$H_2O \rightarrow H_2 + \dfrac{1}{2}O_2$

これら陰極と陽極で起こった一連の反応式を足し合わせたものが「水の電気分解」を表す反応式となります。

$$H_2O \rightarrow H_2 + \frac{1}{2}O_2 \text{ すなわち、} 2H_2O \rightarrow 2H_2 + O_2 \quad \cdots (3)$$

　(1)、(2) からわかるように、水の電気分解 (3) では2つの電子が反応に関与し、剰余はありません。ところで、流れる電気量は電子の個数に比例します。そこで「陰極または陽極で変化する物質の質量は通じた電気量に比例」というファラデーの法則(I)が成立するのです。

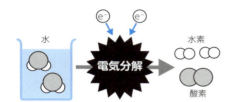

物質の分子の個数と電子とは常に一定数が対応して反応する。これがファラデーの法則(I)の意味。

　また、反応ではイオンの価数（次ページ〔メモ〕参照）と同じ個数の電子が対応します。イオンの持つ電気量と同じ電子の個数が化学反応に関与するからです。これがファラデーの法則(II)の意味です。

イオンの持つ価数に対応して電子が反応に関与。したがって、電子1モルの担当する物質量はその分子量を価数で割った値になる。これがファラデーの法則(II)の意味（銅と鉄のイオンでも確かめよう）。

　電子という電気現象の実体が発見され、それが化学反応の主役であることがわかった現代では、ファラデーの法則はあえて法則と呼ぶ必要はありません。しかし歴史的には、このようなファラデーらの努力により、電子という実体が発見（1897年）されたのです。

問題にチャレンジ

〔問〕硫酸銅水溶液を電気分解すると、陰極に銅が析出します。銅1モル（約64g）を得るには1アンペアの電流を何秒流す必要があるでしょうか。なお、硫酸銅水溶液中では銅は2価の陽イオン Cu^{2+} として存在します。

（注）1モルは $6.0×10^{23}$ 個、1個の電子の持つ電気量は $1.6×10^{-19}$ クーロン、1アンペアは1クーロンの電気が1秒間に流れる電流です。なお、電子1モルの電気量を**ファラデー定数**といいます。

〔解〕銅イオンは2価であり、電気分解で1モルの銅を得るには電子2モルが必要です。そこで、1モルの銅を得るには、
$$2×(6.0×10^{23})×(1.6×10^{-19})=約20×10^4 クーロン$$
の電気量が必要。つまり20万クーロンです。1アンペアは1秒間に1クーロン流れるので、20万クーロンなら20万秒の時間（約56時間）が必要になります。（答）

メモ

イオンの価数

水の電気分解で登場した水酸化物イオン OH^-、水素イオン H^+ は、正負は別にして、電子1個分の電荷を持った粒子です。このようなイオンを**価数**1のイオンといいます。

上記〔問〕の硫酸銅水溶液に存在する銅イオン Cu^{2+}、硫酸イオン SO_4^{2-} は、正負は別にして、電子2個分の電荷を持った粒子です。このようなイオンを**価数**2のイオンといいます。

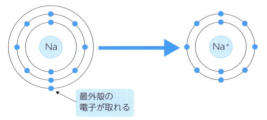

イオンの価数は、取捨した電子の数と一致。左図は Na^+ イオンについて図示している。

§54

ヘスの法則
——原子と分子の世界でも成り立つエネルギー保存則

「ヘスの法則」は「総熱量保存の法則」ともいわれます。「エネルギーが保存される」ことが常識として理解されている現代から見れば目新しさはありませんが、**ヘス**（1802～1850）の活躍した時代には画期的な発見でした。

反応熱——発熱・吸熱

最初に化学反応に伴う熱について調べましょう。化学状態に変化があるとき、熱を伴うことが普通です。これを**反応熱**といいます。熱を発生する変化を**発熱反応**、熱を吸収する変化を**吸熱反応**といいます。

マッチに火をつければ燃えて周りを熱くしますが、それは発熱反応が起こっているからです。ラムネ菓子を食べると涼味を感じるのは吸熱反応が舌の上で起こっているからです。

化学変化によって発生または吸収される熱を反応熱という。

反応熱は、反応する物質1モル当たりに発生または吸収する熱量で表されます。熱量の単位は、昔はカロリーを利用しましたが、現在は

kJ/モルです。昭和に高校世代を過ごされた読者は戸惑うかもしれません。

（注）1kJ は 1000J(ジュール)。1cal（カロリー）は 4.2J（ジュール）です。

代表的な反応熱には次のような種類があります。

反応熱	意味
燃焼熱	物質1モルが完全燃焼したときに発生する熱量
生成熱	化合物1モルが成分元素から生成されるときに発生または吸収する熱量
分解熱	化合物1モルが成分元素に分解するときに発生または吸収する熱量
中和熱	中和反応によって水1モルを生成するときに発生する熱量
溶解熱	物質1モルが溶解したときに発生または吸収する熱量

（注）何も表記がなければ 25℃ 1 気圧での測定値が利用されます。

熱化学方程式＝化学反応式＋熱

化学反応式は例えば次のように記述されます。

$$C + O_2 \rightarrow CO_2$$

これは炭素原子 1 個に酸素分子 1 個が結合して二酸化炭素に変化する、という現象を記述しています。ところで、この場合、熱も発生します。その熱を表現したいとき、この化学反応式の→を＝に変えます。

$$C + O_2 = CO_2 + 394kJ$$

このように熱量を含めた化学反応式を**熱化学方程式**といいます。この例の 394kJ とは炭素が酸素と結びついて二酸化炭素になったときに放出される炭素 1 モル当たりの熱量を表します。

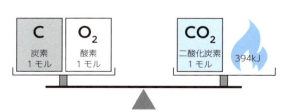

熱化学方程式の係数が1の物質1モルが反応・生成したときの熱量がこの方程式に記載される。

ちなみに、吸熱反応では熱量をマイナス（−）で記載します。例えば、窒素が酸素と結合し一酸化窒素を生成するときの熱化学方程式は、次のようになります。181kJ は吸熱反応で吸収される窒素 1 モル当たりの熱量です。

$$N_2 + O_2 = 2NO - 181kJ$$

ヘスの法則──経路には関係ない

　化学変化の際のエネルギー保存則は**ヘスの法則**と呼ばれ、次のように表現されます。

> 反応熱は、反応物と生成物の種類に依存し、反応経路には依存しない。

　どんな経路で化学変化をしても、途中で反応系の総エネルギーが増えたり減ったりしないことを表しています。

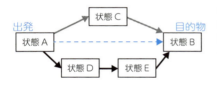

ヘスの法則
状態 A から状態 B に変化するとき、途中の変化の仕方は複数ある。そのどのルートをたどっても、結果として得られる反応熱は同じ。

（例題）炭素が直接二酸化炭素になる反応と、一酸化炭素を経て二酸化炭素になる反応の熱化学方程式は次の通りです。

$$C + O_2 = CO_2 + 394kJ \quad \cdots (1)$$

$$C + \frac{1}{2}O_2 = CO + 111kJ \quad \cdots (2)$$

$$CO + \frac{1}{2}O_2 = CO_2 + 283kJ \quad \cdots (3)$$

これからヘスの法則が成立することを確かめてみましょう。

［解］（1）は直接、二酸化炭素が生成されます。(2)(3)は一酸化炭素COを介して二酸化炭素を生成する反応で、反応熱の和111＋283は(1)の直接生成するときの反応熱394に一致します。2ルートの熱の収支は同一値です。ヘスの法則が確かめられました。（答）

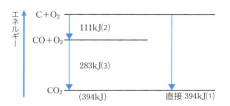

ヘスの法則の例
炭素と酸素から二つの過程で二酸化炭素が生成されているが、エネルギーの収支は同じになる。

ところで、(2)と(3)を数式のように加えてみましょう。

$$C + \frac{1}{2}O_2 + CO + \frac{1}{2}O_2 = CO + 111kJ + CO_2 + 283kJ$$

両辺に共通のものを引き去り反応熱を計算すると次の式が得られます。

$$C + O_2 = CO_2 + 394kJ$$

これは（1）と同じです。すなわち、熱化学方程式は**数学の等式と同様に扱うことができる**のです。数学で用いる等号（＝）を熱化学方程式に転用できるのはこのためです。

問題にチャレンジ

〔問〕25℃1気圧のとき、次の熱化学方程式が成立します。

$$H_2 + \frac{1}{2}O_2 = H_2O(液) + 16.3kJ, \quad H_2 + \frac{1}{2}O_2 = H_2O(気) + 13.8kJ$$

これから、25℃1気圧のときに、水が液体から気体に変化するときに吸収する熱量（気化熱）を求めましょう。

［解］　右の式から左の式を引いて移項すると、
　　　$H_2O(液) = H_2O(気) - 2.5kJ$
これから、気化熱2.5kJを吸収することになります。（答）

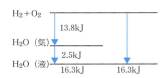

§55

pHの計算原理
――酸性、アルカリ性を論じるときの基本となる指標

　水 H_2O は不思議な性質をたくさん持ちます。例えば、共有結合しているにもかかわらず、水素イオン H^+ と水酸化物イオン OH^- にわずかに電離しているのです。この電離の特徴をつかむことで、酸とアルカリを指標化できます。それが **pH** です。

水の電離平衡

　塩（塩化ナトリウム NaCl）は水の中に入れるとナトリウムイオンと塩素イオンに分解します。これを**電離**といいます。塩化ナトリウムはイオン結合で結びついているので、水に触れると分解されるのです。

　ところで、その水ですが、水素と酸素が共有結合してできた化合物です。共有結合した物質は電離しないのが普通です。しかし、面白いことに、水の場合にはごくわずかに電離し、次の式で表現される平衡状態になっています。これを水の**電離平衡**といいます。

$$2H_2O \rightleftarrows H_3O^+ + OH^- \quad \cdots (1)$$

　ここで、H_3O^+ を**オキソニウムイオン**、OH^- を**水酸化物イオン**といいます。

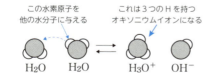

水の電離
水分子のわずかな一部は H_3O^+ と OH^- に電離して、平衡状態になっている。

　ところで、水の電離現象の式は大変よく利用されます。そこで、オキソニウムイオン H_3O^+ から水分子 H_2O を取り去り、水素イオン H^+ が単体で存在すると考え、次のように略記されるのが普通です。

$$H_2O \rightleftarrows H^+ + OH^- \quad \cdots (2)$$

これが多くの文献に掲載されている「水の電離平衡」を表す式です。

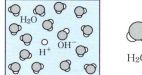

水の電離の簡略イメージ
図のように、単独の水素イオンが存在するように考えると、右のように式が簡単になる。

水素イオン濃度と水のイオン積

　水の電離平衡に対して、質量作用の法則を適用してみましょう（§47）。質量作用の法則の公式に（2）を代入して、次の式が得られます。

$$\frac{[H^+][OH^-]}{[H_2O]} = 一定 \quad \cdots (3)$$

　水溶液では水素イオンや水酸化物イオンの濃度 $[H^+]$、$[OH^-]$ は小さく、水の濃度 $[H_2O]$ は一定と考えられるので、（3）から次の式が得られます。

$$[H^+][OH^-] = K_W （一定）$$

　この定数 K_W を**水のイオン積**と呼びます。
　測定の結果、1 atm、25℃において、1.0×10^{-14} となることが知られています。すなわち、1 atm、25℃において、次の式が成立するのです。

$$[H^+][OH^-] = 1.0 \times 10^{-14} \quad \cdots (4)$$

　これが化学における重要な関係式になります。特に、この水素イオンのモル濃度 $[H^+]$ を略して**水素イオン濃度**と呼びます。

水素イオン濃度と水素イオン指数pH

　よく知られているように、酸性を特徴づけるのが H^+、アルカリ性を特徴づけるのが OH^- です。そこで、H^+ の濃度が OH^- より大きい（すなわち $[H^+]$ が $[OH^-]$ より大きい）と酸性であり、逆はアルカリ性になります。

中性のとき、　　　　　$[H^+]=[OH^-]$
酸性のとき、　　　　　$[H^+]>[OH^-]$　　… (5)
アルカリ性のとき、　　$[H^+]<[OH^-]$

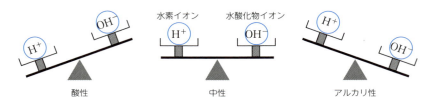

さて、ここで突然ですが、(4)の対数を取ってみましょう。
$$\log[H^+][OH^-]=\log(1.0\times10^{-14})$$
(注) $\log A$ は常用対数 $\log_{10}A$ を表します。
対数の性質から、次の式が成立します。
$$\log[H^+]+\log[OH^-]=-14 \quad\cdots (6)$$
ここで、次のように pH という数を定義しましょう。

$$pH=-\log[H^+] \quad\cdots(7)$$

こう定義された pH を**水素イオン指数**といいます。また、「ピーエイチ」「ペーハー」とも略称されます。この定義 (7) と (6) から
$$\log[H^+]=-pH、\log[OH^-]=-14+pH$$

📝 メモ

pH の読みはピーエイチ、ペーハー

「pH」は、最初の発見者がデンマーク人であり、近代化学がヨーロッパで発展したことなどから「ペーハー」というドイツ語読みが普通でしたが、1957 年の pH の日本工業規格（JIS）化のときに、読み方が「ピーエイチ」に統一されました。そのため正式には「ピーエイチ」と読みますが、現在でも「ペーハー」という読み方も流布しています。ちなみに、pH は英語で power of hydrogen といいます。

(5) と組み合わせて、
中性のとき、　　　pH＝7
酸性のとき、　　　pH＜7　　…(8)
アルカリ性のとき、pH＞7

こうして、**pHと7との大小で水溶液の酸性、アルカリ性が判定できること**がわかります。

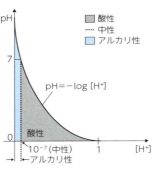

また、pHの定義(7)からわかるように、水素イオン濃度[H⁺]が大きくなると、pHは0に近づき小さくなります。すなわち、酸の濃度が高いとpHの値は中性の7から0に近づくのです（右のグラフ）。

pHの具体例を見てみよう

(7)の対数を指数に戻すと、右の公式になります。水素イオンは水溶液1リットル中 10^{-pH} モル存在するのです。

$$[H^+] = 10^{-pH}$$

このように指数で表現しても、やはりpHはピンと来るものではありません。そこで身近な物質でpHの具体値を実感しましょう（下図）。みかんやレモンが酸っぱいのは果物の持つ酸のためですが、pHが2～4という値に収まっています。胃液は条件で大きく異なりますが、1.5ぐらいにもなるといいます。

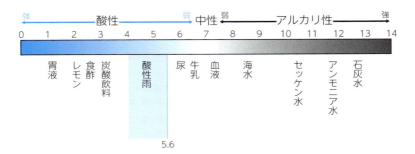

pHが1違えば水素イオン濃度は10倍ちがう

定義（7）からわかるように、pHの値は対数尺度です。したがって、pHが1違えば、水素イオン濃度は10倍違うことになります。これは環境分野でよく取り上げられる問題です。例えば、pH4の酸性雨は、pH5の酸性雨より10倍酸性度が高く、pH6の雨より100倍酸性度が高くなります。動植物には大変な違いになるわけです。

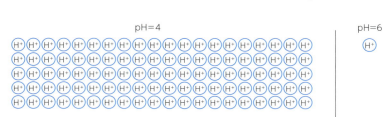

pHが2違うと$10^2=100$倍違ってくる

pHは水素イオン濃度を対数で表しているので、pHと水素イオン濃度の持つ数値イメージは大きな違いがあります。例えば、pHが6では1リットル中に0.000001モルの水素イオンが含まれていますが、pHが4の水溶液にはその100倍の0.0001モルの水素イオンが含まれているのです。pHは2しか違わないのに、水素イオン濃度は100倍も違うのです。

👉 問題にチャレンジ

〔問〕25℃1気圧において、純粋な水では水分子の何個に1個の割合で電離しているか計算してみましょう。ただし、水$1l$の質量は1kgとみなし、水H_2Oの1モルの質量は18gとします。

［解］$1l$の純水の質量は1kg=1000g。これに含まれる水分子のモル数は

$$\frac{1000}{18} = 約56 モル$$

このうち、25℃1気圧において電離している水分子は水素イオン濃度と同じく$1.0×10^{-7}$モルなので、水分子の中で電離している割合は、56モル中$1.0×10^{-7}$モル。すなわち、水分子5億6000万個に1個。（答）

メモ

酸性とアルカリ性

水溶液の性質の一つに酸性、アルカリ性、中性があります。

酸性の水溶液としては、塩酸、硫酸、硝酸などがよく知られています。これら酸性の特徴をミクロに見ると、その水溶液中に**水素イオン** H^+ がたくさん含まれていることがわかります。この水素イオンが酸性の主役です。

水素イオン H^+ は水素原子から電子1個が飛び出したもので、正の電気を帯びています。すると、水素イオン H^+ は電子の衣をまとっていない「裸」の状態になります。風邪をひかないか心配になりますが、通常はそのような裸の状態では存在しません。水溶液の中で水分子の酸素と結合し、**オキソニウムイオン**として存在するのです。

アルカリ性の水溶液としては、水酸化ナトリウム（苛性ソーダ）、水酸化カルシウム（消石灰）、アンモニアなどの水溶液がよく知られています。酸性が酸っぱい味なのに対し、アルカリ性は苦味を持っているのが普通です。

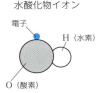

アルカリ性の水溶液をミクロに見ると、その中に**水酸化物イオン**がたくさん含まれていることがわかります。これがアルカリ性の主役です。

この水酸化物イオンは水素と酸素が結合し、負の電気を帯びたイオン OH^- です。水分子から水素イオン1個が飛び出したもの、と考えた方がわかりやすいかもしれません。

ちなみに、昭和世代の人は、水酸化物イオンを「水酸イオン」と教えられていました。

§56

ルシャトリエの 平衡移動の原理
—— 化学工業の増産対策で不可欠な原理

　フランスの化学者ルシャトリエ（1850 〜 1936）は、1884 年、後年に**ルシャトリエの平衡移動の原理**と呼ばれる、次の法則を発表しました。化学工業では物質製造のために不可欠な法則です。

> 化学平衡になっている状態で、温度、圧力、濃度などの条件を変えると、その変化の効果を打ち消す方向に化学平衡が移動する。

　初めて聞くと何をいいたいのか、よくわかりません。ここで具体例を通してこの原理を調べましょう。

　（注）「ルシャトリエの平衡移動の原理」は**平衡移動の原理**、**ルシャトリエの法則**など、いろいろな呼び方があります。また、1887 年にドイツの科学者カール・ブラウンも独立に発表しています。そこで**ルシャトリエ・ブラウンの原理**とも呼ばれます。

窒素酸化物で意味を調べる

　具体例として、常温常圧における二酸化窒素と四酸化二窒素との平衡状態を取り上げます。これらは大気汚染の悪役として有名な気体ですが、二酸化窒素は褐色の気体、四酸化二窒素は無色です。両者とも有毒ですが、圧力や熱の変化で平衡状態がどちらに傾くかを色の変化で確認できるので、ルシャトリエの法則の実験として大変人気があります。

　これらは次の平衡状態を維持して存在します。

$$N_2O_4 \rightleftarrows 2NO_2 \quad \cdots (1)$$

また、（1）の反応は吸熱反応で次の熱化学方程式を満たします。

$$N_2O_4 = 2NO_2 - 57.3 \, (kJ) \quad \cdots (2)$$

四酸化二窒素は無色の気体、二酸化窒素は褐色の気体である。したがって、(1)の平衡状態では全体として薄い褐色を呈している。

① 四酸化二窒素のみ
② 二酸化窒素と四酸化二窒素（二酸化窒素が少ない）
③ 二酸化窒素と四酸化二窒素（二酸化窒素が多い）
④ 二酸化窒素のみ

圧力の変化

二酸化窒素と四酸化二窒素が化学平衡の状態（1）になっているとき、入っている容器に外からゆっくり圧力を加え体積を小さくしてみましょう。このとき、ルシャトリエの法則は次のように表現できます。

加えられた圧力の効果を打ち消す方向に化学平衡が移動する。

「圧力の効果を打ち消す」には（1）の反応が左に進むことを意味します。分子数が全体として少なくなり、圧力の変化を相殺させるからです。こうして、透明な四酸化二窒素の数が増え、容器の中の気体の色は薄くなります。逆に、容器の圧力を下げれば二酸化窒素が増え、容器の中の気体の色は濃くなります。

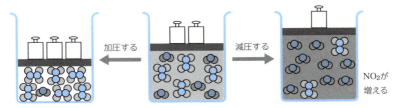

加圧すると（1）の平衡状態は分子数を少なくするように動き、N_2O_4が増え気体の色は薄くなる。逆に減圧すると、（1）の平衡状態は分子数を多くするように動き、NO_2が増えて気体の色は濃くなる。

温度の変化

二酸化窒素と四酸化二窒素が化学平衡の状態（1）になっているとき、容器をゆっくり加温してみましょう。このとき、ルシャトリエの法則は次のように表現できます。

> 温度を上げた効果を打ち消す方向に化学平衡が移動する。

「温度を上げた効果を打ち消す」には（1）の反応が右に進むことが必要です。（2）でわかるように、N_2O_4 が $2NO_2$ になる反応は吸熱反応なので加えられた熱を吸収し、温度の変化を相殺できるからです。こうして、透明な四酸化二窒素の数が減り、褐色の二酸化窒素が増えるので、容器の中の気体の色は濃くなります。逆に、容器の温度を下げれば容器の中の気体の色は薄くなります。

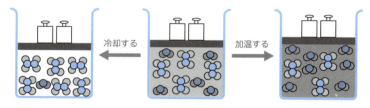

温度を高くすると平衡状態（1）は温度を下げる方向（吸熱反応、すなわち右方向）に移動する。そこで、N_2O_4 が減り NO_2 が増えて気体の色は濃くなる。逆に温度を下げると平衡状態（1）は左に進み、色は薄くなる。

アンモニアの合成

歴史的に有名なアンモニア（分子式 NH_3）を例にして、ルシャトリエの法則を調べることにしましょう。アンモニアは様々な基礎材料となり、工業的に非常に大切な物質です。

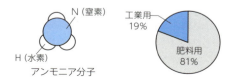

左はアンモニア分子の構造。右は世界のアンモニアの利用状況。総生産量は 1.71 億トン（2012 年）

アンモニアは水素と窒素を入れた容器に触媒を加え、高温高圧の状態にして得られます。実際、その容器の中では次のような化学平衡の状態になります。

$$N_2 + 3H_2 \rightleftarrows 2NH_3 \quad \cdots (3)$$

左から右への反応は発熱反応で、次の熱化学方程式が成立します。

$$N_2 + 3H_2 = 2NH_3 + 92.2\text{kJ} \quad \cdots (4)$$

この式から、アンモニアは低温の方が正反応（左から右への反応）に有利です。(4) からアンモニア生成反応は発熱反応なので、低温にすると、ルシャトリエの法則から (3) の平衡状態は右側へ傾くことになるからです。

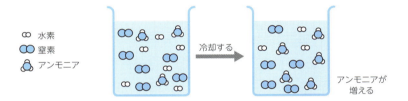

ところで、低温にすると反応速度が遅くなり、アンモニア製造の効率が悪くなります。それを克服するのが**触媒**です。触媒とは自分自身は変化することなく、その化学反応を速める物質です。アンモニアの場合は、酸化鉄（四酸化三鉄 Fe_3O_4）を基本としたものが利用されています。

問題にチャレンジ

〔問〕アンモニアの生成で、高圧にすると有利なのはなぜかを考えてみましょう。

〔解〕平衡状態 (3) からわかるように、(3) の正反応（右への反応）は分子数を少なくします。高圧にすると分子の密度は高くなるので、ルシャトリエの法則からそれを減じる方向に平衡状態が進みます。すなわち (3) の分子数を少なくする方向（正反応が起こる）になるのです。（答）

COLUMN

モル濃度

　これまで、何度かモル濃度の計算をしてきました。特に、化学平衡の状態を定量的に扱うにはモル濃度が重要になります。ここで、そのまとめをしてみましょう。

　モル濃度とは溶液1リットル当たりの溶質のモル数をいいます。ここで、モル数とはモル（§41）を単位とした個数の数値です。

　この定義から、モル濃度は次のように求められます。

$$モル濃度 = \frac{溶質のモル数}{溶液の体積(l)}$$

　分子やイオンのモル濃度はそれらの化学式を大括弧［　］でくくって表現します。

　例えば、[Na$^+$] はNa$^+$のモル濃度を表します。

　実際の例で調べてみましょう。

　いま、水酸化ナトリウム10gが入った500ml水溶液があるとき、このモル濃度は $\frac{0.25}{0.5} = 0.5$

（モル/l）。ここで、水酸化ナトリウムの式量が40なので、その10gは0.25モルであることを利用しています。すなわち、[NaOH] = 0.5

　上記の例で、水酸化ナトリウムが完全に電離しているとすると、
　　　　[Na$^+$] = 0.5、[OH$^-$] = 0.5
（注）イオン性化合物の**式量**とは、その化合物1モルを集めたときの質量です。

第6章

量子の世界から相対性理論まで

PHYSICS AND CHEMISTRY
LAW
PRINCIPLE
FORMULA

§57

キュリー・ワイスの法則
――磁石と温度の関係を表現する磁石研究の基本公式

　普段の生活で磁石は様々に利用されています。方位を知る磁針、冷蔵庫のドアをしっかり閉める磁石、電子機器の蓋の開閉を検知するセンサー、ハードディスクの読み書き用ヘッド、リニア中央新幹線の動力、など枚挙に暇がありません。その磁石の構造を研究するのに欠かせないのが「キュリー・ワイスの法則」です。

磁性の種類

原子はわかりやすく下図のように描くことができます。

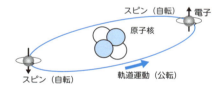

原子のモデル
ヘリウムをイメージしているが、電子がスピンしていることに注意。

　この原子モデルからわかるように、**磁性**を生み出す源として次の二つが考えられます。
　(I) 原子核を回る電子の軌道運動（公転）が生む磁性
　(II) 電子の自転（スピン）が生む磁性
　外部磁場を掛けたとき、(I)はレンツの法則（§34）から磁場を打ち消す方向に生まれます。それに対して(II)は外部磁場の方向を向くように生まれます。全体としてどちらがどのように物質の性質として効いてくるかは、その物質構造によります。結果として、物質の持つ磁性は次の3つに分けられます。
　（注）表に示していないものに「反強磁性」がありますが、特殊なので本書では触れません。

名称	解説
常磁性	外部磁場が無いときには磁化を持たず、磁場を加えるとその方向に弱く磁化する性質を持つ。
強磁性	通常「磁石」と呼ばれる物質の持つ性質。常磁性を持ち、かつ自発磁化される（要するに永久磁石になる）。
反磁性	磁場をかけたとき、物質が磁場の向きと逆向きに磁化され、反発する性質を持つ。

　各磁性に対して、物質の内部を覗いてみると、イメージ的に下図のように表すことができます。

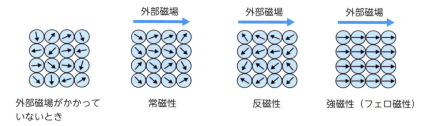

　(I)(II)の説明からわかるように、すべての物質は磁性を持ちます。そこで「磁石にくっつく性質のものを磁性体という」という説明は間違いになります。アルミニウムや銅は磁石につきませんが、銅は反磁性、アルミニウムは常磁性の性質を持ちます。ちなみに、磁気の影響をほとんど受けない物質の性質を**非磁性**と呼ぶことがあります。

キュリー点

　磁性の発生のメカニズム(I)(II)から想像できるように、磁性は温度に敏感です。高い温度は原子や分子の熱運動を活発化させ、集団としての磁性を相殺してしまうからです。特に、強磁性を持つ物質では、このことが重要です。強磁性は、上の図からわかるように、原子や分子の磁気が一方向に揃って生まれる性質だからです。

　強磁性を持つ物質と温度との関係について、フランスの物理学者ピエール・キュリー（1859〜1906、放射能の研究で有名なキュリー夫人の夫）は次の性質を発見しました。

> ある温度を超えると、強磁性を持つ物質はその磁性を失う。

　この「ある温度」のことを**キュリー点**（または**キュリー温度**）といいます。このキュリー点を超えると、強磁性体が持っていた磁性の方向が熱振動によって乱れ、ほとんど常磁性の状態となってしまいます。

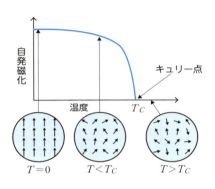

キュリー点
わかりやすくいえば、永久磁石が磁石としての能力をなくす温度がキュリー点（キュリー温度）。

キュリーの法則

　外部から磁場 H が与えられると、その影響で物質内部では原子や分子が向きを変えます。そこで、内部では外部の磁場とは異なる磁場が観測されます。それを通常 B（磁束密度）で表します。物質内部の各点はこの磁束密度 B の磁気を感じるわけですが、その影響で物質が大きさ M に磁化されたとします。このとき、次の式が成立します。

$$M = \chi B \quad \cdots (1)$$

　ここで、χ（カイ：ギリシャ文字）は物質特有の定数で**磁化率**と呼ばれます。

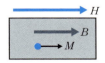

磁化率
物質内部で感じる磁気 B の影響で物質は大きさ M に磁化されたとき、$M = \chi B$ が成立。

　この磁化率 χ も温度の影響を受けますが、常磁性の物質についてキュリーは次のことを発見します（1895年）。

> 常磁性の物質の磁化率 χ は温度 T に反比例する。すなわち、$\chi = \dfrac{C}{T}$

これを**キュリーの法則**と呼びます。また、定数 C を**キュリー定数**と呼びます。この法則は高温または弱い磁場について成り立ちます。

キュリー・ワイスの法則

キュリーと同じフランス人ピエール・ワイスは、キュリーの法則の理論をさらに発展させ、強磁性体でも成立する次の**キュリー・ワイスの法則**を発見しました（1907年）。

> 磁性体においては、キュリー点 T_c 以上では、磁化率 χ は絶対温度 T と次のような関係にある：$\chi = \dfrac{C}{T - T_c}$ …（2）

この公式からキュリー定数 C やキュリー点 T_c を実験から求めることで、物質の構造や電子状態が調べられるようになるのです。

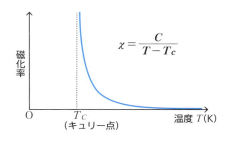

キュリー・ワイスの法則
(1) の $M = \chi B$ で定義された磁化率 χ は温度と (2) の関係で結ばれる法則。キュリー点より温度が高いことを仮定している。

問題にチャレンジ

〔問〕次の物質は常磁性、強磁性、反磁性のどの性質を持つでしょうか。
　　　（ア）鋼鉄　（イ）水　（ウ）窓ガラス

［解］（ア）強磁性　（イ）反磁性　（ウ）常磁性（答）

§58

アインシュタインの光量子仮説
——太陽電池やLEDの原理となる基本法則

　光は波か粒子かについては長い論争がなされてきました。ニュートンは「粒子」であると主張し、ホイヘンスやフックは「波動」であると主張しました。18〜19世紀には、光が回折したり干渉したりする性質を持つことが実験で確かめられ、波動説が主流になりました。

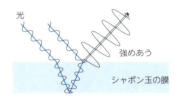
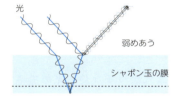
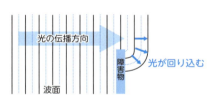

光の干渉と回折
上はシャボン玉による光の干渉（§24）。膜の厚さの違いで、光が強めあったり弱めあったりし、シャボン玉が虹色に光る。また、左は光の回折。影がにじむのはこのため。

　ところが、19世紀末、波動説では説明できない現象が発見されたのです。「**光電効果**」と呼ばれる実験事実です。

光電効果

　光電効果とは金属に紫外線を当てると、中の電子が飛び出してくる現象をいいます。

　物質中の電子は原子核の引力で束縛されていて、普通は外へ出られません。少しぐらいのエネルギーをもらっても、元に引き寄せられてしまうのです（次ページの図左）。この束縛の強さを**仕事関数**と呼んでいま

す。しかし、紫外線が当てられると電子は、束縛を振り切って外に飛び出すのです。これが光電効果です。

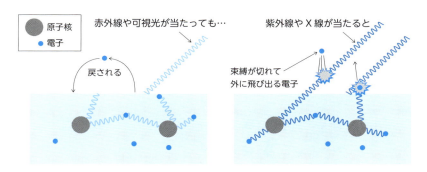

光電効果

　この説明でどこが問題か、わかりにくいかもしれません。問題は、もし単純にエネルギーだけを考えるなら、紫外線でなくても、例えば赤外線でも、この現象が起こってよいはずだ、ということです。光の強さを大きくすれば、すなわち光の振幅を大きくすれば、光のエネルギーは増大するので、光電効果が起こりえるはずです。しかし、どんな強い赤外線を当てても光電効果は起きないのです。それに対して、紫外線ならどんなに弱くても光電効果が現れます。「光は波」と考える古典論とこの光電効果との矛盾に、19世紀末の物理学者は大いに戸惑いました。

光の光量子仮説

　ここで登場したのがアインシュタイン（1879〜1955）です。アインシュタインは次のように考えました（1905年）。

> 振動数 ν の光はエネルギー $h\nu$ を持つ光の粒である。そして、光の強さはその粒の量に比例する。

　この光の粒を光量子といい、この考え方をアインシュタインの光量子仮説と呼びます。ここで、h は定数です（プランク定数といわれ、6.6×10^{-34}Js の値を持ちます）。

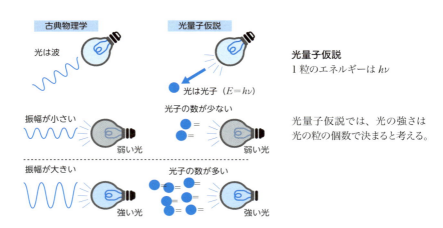

光量子仮説
1粒のエネルギーは $h\nu$

光量子仮説では、光の強さは光の粒の個数で決まると考える。

光電効果を光量子仮説で説明

「強い赤外線でも電子は金属から飛び出さないが、弱い紫外線でも電子は飛び出す」という事実を光量子仮説は難なく説明できます。束縛の仕事関数を W とすると、電子がもらう光量子のエネルギー $h\nu$ がこの W を超えれば、電子は金属から解放されるからです。

解放の条件：$h\nu > W$

どんなに強い赤外線も、振動数 ν が小さいので、この条件をクリアできません。しかし、どんなに弱い紫外線でも、振動数が大きいので、この条件をクリアできます。

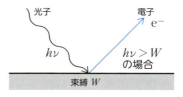

光電効果を簡単に説明した光量子仮説は「すべての基本粒子は波と粒子の両方の性質を持つ」という量子力学に発展していきます。

LEDの原理

現代では当然のように利用されている LED（発光ダイオード）の原理は、この光量子仮説に則っています。LED は電子が余っている N 型半導体と、電子が足りない（正孔がある）P 型半導体とを接合し、片方向へ電流が流れるように開発されたダイオードです。このダイオードに電流を流すと、正孔と電子が結合してエネルギー E を発生します。こ

のエネルギー E が $E=h\nu$ を満たす振動数 ν を持つ光となるのです。半導体の物質によって E が決まるので、どんな物質が目的の波長の LED に適しているかが設計できるわけです。

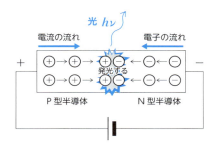

LED の原理
P 型半導体と N 型半導体を接合したダイオード。境界面で正孔⊕と電子⊖が衝突しエネルギーを発する。このエネルギーが $h\nu$ に変換されて、振動数 ν の光になる。半導体の物質によって E が決定され、取り出される光の振動数 ν も決定される。

太陽電池の原理

太陽電池は LED の逆の仕組みで動作するダイオードです（実際、LED から発電ができます）。太陽電池は振動数 ν の光を吸収してエネルギー E を発生させますが、このとき、$E=h\nu$ の関係が成立するのです。

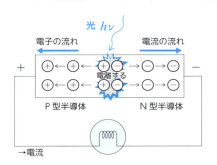

太陽電池の原理
LED と仕組みが逆。光のエネルギーが境界面で正孔と電子を生起し、電圧を生む。これが電池となる。電圧は光の持つエネルギー $h\nu$ から生まれるのだ。

問題にチャレンジ

〔問〕遠い恒星の光が肉眼で見える理由を考えてみましょう。

［解］ もし光が波ならば、何万光年も離れると、エネルギーが空間に広がって弱くなり、網膜はそれを感受できません。光量子仮説が成立するなら、光は粒のままなので網膜でも感受できます。（答）

§59

超伝導とBCS理論
——リニア中央新幹線で用いられる強力磁石の実現に不可欠な理論

　物質をどんどん冷やしていくと一体どうなるのでしょうか。物体をミクロに見ると、絶対温度（§42）に比例して原子や分子は熱運動しています。その絶対温度0（絶対零度）に近づけば、動きのない静寂の世界が待ち受けている、と想像できます。

固体の熱運動

液体の熱運動

気体の熱運動

熱運動
熱運動の運動エネルギーは絶対温度に比例。そこで、絶対温度が0なら、どうなる？

　しかし、この常識的な発想にあえて挑戦した人がいます。1911年オランダの物理学者オネス（オンネスとも呼ばれる）です。そして、想像を超えた世界が発見されたのです。

絶対温度

　ここで、絶対温度の復習をしましょう。本節で調べる現象は絶対零度（0度）の付近で起こる現象です。理想気体の節（§44）で調べたように、この絶対温度 T（単位は K）と日常の温度 t（単位は℃）とは次の関係で結ばれています。

$$t = T - 273$$

　すなわち、0℃は絶対温度273Kなのです。

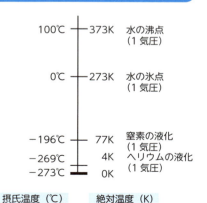

超伝導現象

オネスは冷却の技術に長けていました。実際、史上初めて 4K（−269℃）の温度を実現し、ヘリウムの液化に成功したのです。こうして手に入れた液体ヘリウムを武器に、様々な物質の特性を調べていく途上、水銀が温度 4.2K（−268.8℃）で突然、電気抵抗がゼロになることを発見したのです。これまで信じられていたオームの世界が成立しない世界の発見です。この現象を**超伝導**と呼びます。

（注）電子の関係する場合には、超伝導は**超電導**とも書かれます。

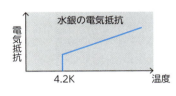

超伝導
水銀は 4.2K で電気抵抗がなくなる。オームの法則が成立しない世界の発見である。

この発見以後、様々な物質に超伝導が現れることが発見されました。低温にしてこの現象が現れる物質を**超伝導物質**と呼びます。

マイスナー効果

1933 年、超伝導状態にある物質は外部磁場を内部から完全に排除する性質を持っていることが発見されました。これは発見者の代表者の名を取って**マイスナー効果**と呼びます。

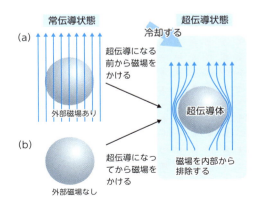

マイスナー効果
超伝導は磁力線を完全に排除する。(b) から超伝導になった状態に外部磁場をかけるとき、磁場が排除されるのはレンツの法則（§34）と電気抵抗が 0 から説明がつく。しかし、(a) から超伝導にしたとき、磁場が排除されるのは量子力学でしか説明できない。

加えられた磁場を打ち消すように磁化される物質の性質を反磁性と呼びます（§57）。この意味で超伝導状態は**完全反磁性**なのです。
　マイスナー効果は超伝導のデモンストレーション実験では大変有名です。超伝導の物質の上に磁石を置くと、磁力線が排除されるので空中に浮きます。超伝導の不思議さをよく表しています。

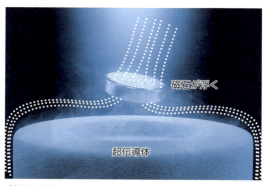

マイスナー効果の実験
磁石から出される磁力線は超伝導の物質から排除され、磁石は浮き上がる。

量子力学で説明したBCS理論

　超伝導とは「電子が波として振る舞う」というミクロの世界の不思議さを眼に見えるようにしてくれる現象です。熱によってかき消され、マクロの世界には出現しなかったミクロの真実を如実に提示してくれるのです。
　超伝導は本来反発し合うはずの2つの電子が物質の中では引き合って特別な電子状態の波を作っていると考えられます。波の状態ならば電気抵抗は0になれます。固体を構成する原子は熱運動をほとんど止めているので、この現象が外から観測できるのです。
　では、どうして本来反発し合う電子が引き合うのでしょうか。それは金属結晶を作るプラスに帯電した金属イオンが存在するからです。例えば、ある場所に1つの電子が来ると、その周りの正に帯電した金属イオンはそれに引き寄せられます。結果としてその場所では正の電荷の密度が高まり、その正の電荷に引き寄せられて他の電子が集まります。こ

うして2つの電子が金属イオンとのコラボレーションで引き寄せ合う、と解釈できます。

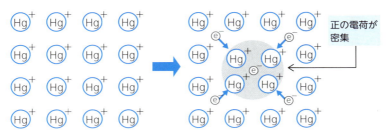

規則正しく並んでいた金属イオン（左）が電子に引き寄せられ、正電荷のムラを生む。それに他の電子が引き寄せられる（右）、と考えられる。

以上は古典的なイメージで超伝導を解説しましたが、このアイデアを量子力学で最初に解明した理論が **BCS理論** です。そして、ペアとなる電子を **クーパーペア** と呼びます。

（注）BCSとは理論発表者のバーディーン、クーパー、シュリーファーの頭文字をとった名称です。

高温超伝導で強い磁石を！

電気抵抗が0になるという超伝導の性質は実用上、大変ありがたい性質です。小さな電圧で大きな電流を流し続けることができるので、例えば、強い磁石が作れます。そこで、高温でも実現する安定した超伝導物質が探求されています。現在では大気圧下で135K（−138℃）の高温超伝導物質が確認されています。また、リニア中央新幹線では、安定した超伝導物質としてニオブチタン合金が利用されています。

問題にチャレンジ

〔問〕超伝導は温度を下げて電気抵抗が0になります。それでは、温度を上げると電気抵抗が小さくなる物質は何でしょうか。

［解］半導体。熱運動のために自由になれる電子が増えるからです。（答）

§60

シュレディンガー方程式と不確定性原理
――ミクロの状態を記述するための物理と化学の基本方程式

　物質の性質のほとんどは電子の状態で決定されます。その電子の世界を記述する力学はニュートンの提唱した運動方程式には従いません。電子の記述には20世紀初頭に確立された**量子力学**が必要になります。その量子力学の中心となる方程式が**シュレディンガー方程式**です。

　（この節では数学的な話が出てきますので、不得手な方は流れを押さえる形でお読みください）

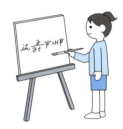

ミクロの世界はシュレディンガー方程式が記述。

定常状態のシュレディンガー方程式

　質量 m の質点の運動を表すシュレディンガー方程式は次の形です。

$$i\hbar \frac{\partial}{\partial t}\psi = H\psi \quad \left(\hbar = \frac{h}{2\pi}、h はプランク定数（§58）\right) \cdots (1)$$

　この方程式を満たす解 ψ（プサイ）を**波動関数**といいます。また H は**ハミルトニアン**と呼ばれる演算子で、1次元のときは次のように表されます。質点の位置における位置エネルギーを $V(x)$ として、

$$H = -\frac{\hbar^2}{2m}\frac{\partial^2}{\partial x^2} + V(x) \cdots (2)$$

本節では、この 1 次元の場合を考えることにします。

シュレディンガー方程式は偏微分方程式で、その一般解を得るのは大変ですが、適当な条件を付けることで解ける場合があります。特に有名なのが、**定常状態**という条件です。定常状態とは記述される質点の様子が位置だけで決まる場合で、具体的にいうと、エネルギー E が確定している状態です。このとき方程式（1）は次のように変形されます。

$$\left\{-\frac{\hbar^2}{2m}\frac{d^2}{dx^2}+V(x)\right\}\phi(x)=E\phi(x) \qquad \psi=\phi(x)e^{-i\frac{E}{\hbar}t} \quad \cdots (3)$$

（注）$e^{-i\frac{E}{\hbar}t}$ は**オイラーの公式** $e^{i\theta}=\cos\theta+i\sin\theta$ から求められます。$e^{i\theta}$ の大きさ（$=|e^{i\theta}|$）は 1 です。

（1）に比べて（2）は非常に扱いやすくなっています。この方程式（3）の解をシュレディンガー方程式の**定常解**と呼びます。

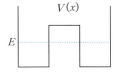

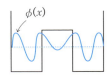

定常解
（3）の $V(x)$ が左記の関数のときの定常解。

古典力学との対応

（1）でハミルトニアン H が現れます。古典力学のときは、簡単にいえば、運動量でエネルギー E を表したものがハミルトニアンです。質量 m の質点でいえば、v を速さとして運動量 p は mv と置けるので、

エネルギー $E=\dfrac{1}{2}mv^2+V(x)$ → ハミルトニアン $H=\dfrac{1}{2m}p^2+V(x)$

すると、（2）は次の置き換えをすれば得られます。これを**対応原理**といいます。

〔対応原理〕古典論の運動量 p を $\dfrac{\hbar}{i}\dfrac{d}{dx}$ に置き換える。

この対応原理は、フランスの物理学者ド・ブロイ（1892 〜 1987）

が「運動量 p を持つ粒子は h/λ の波と等価」（λ は粒子波の波長）という発見（1924 年）からアナロジーとして得られる対応です。

自由電子の問題を解いてみよう

自由電子の定常解を求めてみましょう。自由電子とは束縛を受けない電子のことで、(3) のシュレディンガー方程式で $V(x)=0$ と置くことで得られます。電子の質量を m、エネルギーを E として、

$$-\frac{\hbar^2}{2m}\frac{d^2}{dx^2}\phi(x) = E\phi(x) \quad \cdots (4)$$

この解は簡単に解けて、次の定常解が得られます。

$$\phi(x) = Ae^{ikx} \quad (A\text{ は複素数の定数、} k = \frac{\sqrt{2mE}}{\hbar}) \quad \cdots (5)$$

(5) のイメージ
e^{ikx} はオイラーの公式から $\cos kx + i\sin kx$。よって、この $\phi(x)$ のイメージは波。

こうして、(3) (5) からシュレディンガー方程式 (4) の解が得られます。

$$\psi(x,\ t) = \phi(x)e^{-i\frac{E}{\hbar}t} = Ae^{ikx}e^{-i\frac{E}{\hbar}t} = Ae^{i\left(kx - \frac{E}{\hbar}t\right)} \quad \cdots (6)$$

ψ の意味と不確定性原理

シュレディンガー方程式の解 (6) は何を意味するのでしょうか。電子が波としての干渉を起こすことなどから次のように解釈されます。

> シュレディンガー方程式の解 ψ の大きさの平方 $|\psi|^2$ は、その点における質点の存在確率を表す。

さっそく (6) にこの解釈を当てはめてみましょう。公式 $|e^{i\theta}|=1$ を利用して、

$$|\psi|^2 = \left|Ae^{i\left(kx-\frac{E}{\hbar}t\right)}\right|^2 = 1$$

これは不思議なことを意味しています。エネルギー E を持った自由電子の場合、どの場所にいる確率も等しいのです。換言すれば、どこに

いるかわからないのです。これは日常の世界では考えられないことです。エネルギーが確定した粒子の位置がわからなければ、例えば速度一定の飛行機はどこにいるのかわからなくなってしまいます。

以上のことは、ミクロの世界では、「複数の物理量を同時に測定することができない場合がある」ことを示しています。このような考え方を**不確定性原理**といいます。

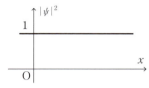

$|\psi|^2$ はある位置における質点の存在する確率密度。(6)よりこれが定数1ということは、その質点がどこにいる確率も等しいということ。それは自由電子のエネルギー E が確定（したがって、運動量 p も確定）しているからと考えられる。

さて、場所がどこかわからないということは、エネルギー E を持つ自由電子はすべての場所を持つ状態を併せ持っているとも考えられます。これを**状態の重ね合わせ**と呼びます。

問題にチャレンジ

〔問〕原点 O に存在することがわかっている電子は、どのようなエネルギーの重ね合わせになっているでしょうか。

[解] 原点に存在すると確定した電子の波動関数は δ 関数 $\delta(x)$ で表せます（右図）。すると、フーリエ解析で有名な定理から、次のように表せます。

$$\delta(x) = \frac{1}{2\pi}\int_{-\infty}^{\infty} e^{ikx} dk$$

前ページの (5) からわかるように、これは $k = \frac{\sqrt{2mE}}{\hbar}$ の波を無限に加え合わせた関数です。いろいろなエネルギーを持つ波 (5) を無限に重ね合わせないと、質点の位置は 1 点に確定できないのです。（答）

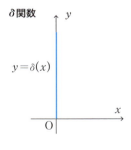

δ関数
$y = \delta(x)$

§61 パウリの排他原理

——特定の席に電子は1個だけしか座れない

電子はミクロの世界では波として運動します。その波としての行動が、原子の様々な特性を説明することになります。歴史を交えて、原子における電子の振る舞いの特性について調べましょう。

原子モデル

19世紀、原子の存在が明らかになると、その原子はどんな形をしているのかの研究が始まります。原子は電気的に中性であり、またボルタの電池からもわかるように軽い電子を内包しています。原子はプラスの電気を持つ主要部分とマイナスの電気を持つ小さい電子からできているのです。そこで、様々な原子モデルが提案されました。

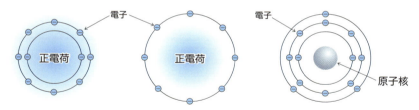

様々な原子モデル
左端はイギリスの物理学者トムソンの作成したモデル（1897年、1904年）。トムソンは電子の発見者でも有名。中央は日本の物理学者長岡半太郎のモデル（1904年）。右端はトムソンの教え子のラザフォードのモデル（1911年）。左端と中央では核を持たないが、ラザフォードのモデルは硬い核を持つ。

右端の原子モデルの提案者ラザフォード（1871～1937）は、金箔に放射能の α 線（Heイオン）を当て、そのモデルの正しさを証明しました。α 線の中には大きく反発するものがあり、それはトムソンらのフワフワの原子モデルでは説明できないからです。

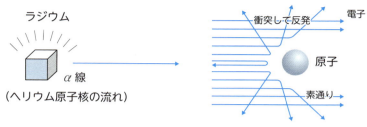

ラザフォードの実験
金箔にα線を当てると、大きく軌道を変更するものが観測される。それは原子が硬い芯、すなわち核を持っていることを証明している。

しかし、ラザフォードのモデルには大きな欠点があります。電子が中央の核に落ちないためにはクルクル回転し続けなければなりません。それは月が地球に落ちない理由と同じです。しかし、クルクル回転すると電磁誘導が起こり（§33）、電磁波が発生しエネルギーを失ってしまいます。原子は安定しないのです。

そこで、デンマークの物理学者ボーア（1885〜1962）は1913年に「**ボーアモデル**」と呼ばれる原子モデルを提案します。

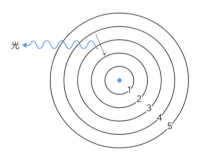

ボーアモデル
このモデルは次のようにまとめられます。
・核の周りに電子が存在する
・電子の軌道は核から見て決まった位置に存在する
・電子が1つの軌道から別の軌道に移るときに光を吸収したり放出したりする

このモデルを支えるのが「電子は波として行動する」ということです。電子の軌道が安定するのは、電子の波が定常波になるときと考えるのです（右の図）。こうして、電子の収まる「席」、すなわち殻（§51）の概念が生まれます。

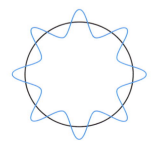

水素原子モデルとシュレディンガー方程式の解

ボーアの原子モデルなどを契機にして、ミクロの世界を描く量子力学が確立されます（§60）。その基本方程式であるシュレディンガー方程式を解くことで、ボーアの原子モデルよりもさらに精緻な電子の軌道が描き出されました。特に中央に正の電荷 Ze（Z は自然数、e は電子の電荷）を持つ「水素原子モデル」に関しては、数学的に正確に求められます。下図に、エネルギーの低い方から3つの解（1s、2s、2p と呼ばれる軌道）を描いています（2p 軌道は $2p_x$、$2p_y$、$2p_z$ の3種があります）。

（注）シュレディンガー方程式の解は確率関数であり軌道ではないですが、歴史を引き継いで軌道と呼ばれることがあります。ちなみに、例えば軌道名 $2p_x$ において、2 を**主量子数**、p を**方位量子数**、x を**磁気量子数**といいます。

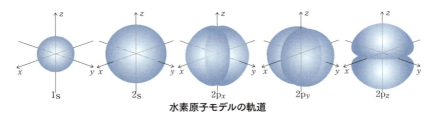

水素原子モデルの軌道

エネルギーの低い（すなわち安定した）順にこれらの軌道を並べてみましょう（右図）。これを**エネルギー準位**といいます。これで電子の座る席の準備ができました。後は電子を着席させることで、原子モデルが完成します。

パウリの排他原理

例としてヘリウム（He）の原子を考えましょう。古典的には右のイメージで描かれる原子構造をしています。

He 原子から2個の電子をすべてはがし、そこに電子1個を持ってきて、そ

ヘリウム原子

の軌道を考えます。こうすれば、左記の「水素原子モデル」が適用でき、そこで示した1s、2sなどの軌道が利用できます。

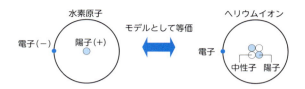

では、このモデルに2つの電子を着席させてみましょう。ここで問題が起こります。1つの軌道には、個人用の椅子のように1個の電子しか入れないのか、それとも長椅子のように何個でも入れるのか、という問題です。そこでオーストリア生まれのスイスの物理学者パウリ（1900～1958）は1925年、**パウリの排他原理**を提案します。

> 同一の軌道には反対向きのスピンを持つ電子が各1個ずつ、最大2個までしか入れない。

直観的にいえば、一つの軌道は「二人がけ」と考えられます。そこに、上向きと下向きのスピンを持つ電子が各々1個まで座れる法則なのです。

上向きスピン

下向きスピン

問題にチャレンジ

〔問〕パウリの排他原理に従って、安定したヘリウム原子の電子の状態（電子配置といいます）を示してみましょう。

［解］エネルギー準位が一番低いのは1s軌道なので、そこに上と下のスピンを持つ電子が計2個入ります（軌道は球形です）。（答）

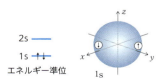

第6章 量子の世界から相対性理論まで
パウリの排他原理

§62

フントの規則
―― 複数の同一エネルギー軌道に電子が入るときの優先順位の規則

　先の節（§61）では、電子が原子の軌道に入るときの最も基本となるパウリの排他原理について調べました。しかし、その原理だけでは炭素以上の原子番号を持つ原子の電子配置が決定できません。そこで登場するのが「フントの規則」です。

パウリの排他原理でわかるホウ素までの電子配置

　水素原子モデルから得られる軌道に、パウリの排他原理を利用して電子を配置してみましょう。原子番号順に調べてみます。

　まず原子番号3のリチウム（Li）を考えます。ヘリウム（He）原子に電子が1個付加された形ですが、エネルギーの低い順に入るので2s軌道に入ります。

　次に原子番号4のベリリウム（Be）を考えます。リチウム（Li）原

子に電子が1個付加された形ですが、エネルギーの低い順に入るので、Liとはスピンを逆向きにして2s軌道に入ります。

同様にしてホウ素（B）でも、付加された新たな電子はエネルギー順に2p軌道に入ります。

フントの規則

ここまでは、パウリの排他原理に従い、エネルギーの低い順に電子を埋めていけば、順調に各原子の電子配置が得られます。しかし、ホウ素から炭素の電子配置を求めようとすると、はたと困ります。3つの可能性が出てくるからです（下図）。

また、スピンの向きは上か下かが不明です。

図に示すように、同一エネルギー準位の2pには3つの状態があります。ここでは（磁気量子数の記号を用いて）x、y、zと名づけましょう。そして、ホウ素の場合には、仮にxの状態に1個の上向きのスピンが入っていたとします。すると、いま問題なのは、6個目の電子をx、y、zのどこに、どの向きに入れればよいか、という点です。この問題に対してドイツの物理学者フント（1896〜1997）は**フントの規則**と呼ばれる次の経験則を打ち立てます。

> パウリの排他原理の許すかぎり、2つ以上の電子は磁気量子数の異なった軌道に入り、かつスピン対を作らないように配列する。

スピン対とは右図に示すように同一軌道で反対向きのペアをいいます（右図）。

このフントの規則を利用すれば、炭素に6番目に入る電子は2pのy（またはz）の軌道で、スピンの向きは上向きということになります。

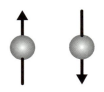

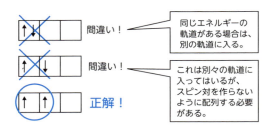

フントの規則
別の軌道にスピンを同一向きにして入りやすい、という規則。

こうして、炭素の電子配置が決定されました。

原子番号6「炭素」の電子配置

3s ―
2p ↑ ↑ ―
2s ↑↓
1s ↑↓

炭素の電子配置
軌道は2p軌道において、2つの電子の軌道は異なり、向きは同一方向（スピン対を作らない方向）となる。

同様にして、炭素の次の原子番号を持つ窒素Nの電子配置を決めてみましょう。

原子番号6「炭素」の電子配置

3s ―
2p ↑ ↑ ―
2s ↑↓
1s ↑↓

原子番号7「窒素」の電子配置

3s ―
2p ↑ ↑ ↑
2s ↑↓
1s ↑↓

別の軌道で、スピン対を作らない

フントの規則が成立するのは、同じ電荷を持つ電子がより効率的に互いに反発でき安定しやすくなるため、と説明されます。ただし、例外もあることに留意しましょう。

問題にチャレンジ

〔問〕鉄が強磁性を持つ理由を電子配置から調べてみましょう。

[解] 鉄の電子配置は右の図のようになります。フントの規則が影響して、エネルギー準位が高い方に最後の2つの電子が入ります。すると、上向きのスピンを持った電子が4つも3d軌道に残るのです。このような鉄原子が一斉にある方向を向くと強い磁石になります。(答)

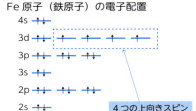

Fe原子（鉄原子）の電子配置

4つの上向きスピン

メモ

ボース粒子とフェルミ粒子

電子のようにパウリの排他原理に従う素粒子を**フェルミ粒子**といいます。フェルミ粒子のスピンは半整数（1/2 など）の値をとることが知られています。素粒子には、他に**ボース粒子**があります。光の粒（すなわち光子）がその代表です。スピンは0以上の整数値をとることが知られています。ボース粒子は同一の席に何個でも座れる性質を持ちます。

§63

光速度不変の法則
——光の速さはどの慣性系から測定しても一定という不思議な話

　光の測定は困難を極めましたが、測定されるようになると、どの立場から測定しても一定の速さが得られることが発見されました。この事実の発見がアインシュタインの相対性理論につながっていきます。

光速の測定を試みるも失敗するガリレオ

　古代の人々は、光の速度は無限大だと信じていました。しかし、その常識に果敢に挑戦した人がいます。記録に残る最初の人はガリレオでしょう。ガリレオは桶をかぶせたランプを山頂に持ち上げました。助手にも5km離れた山頂に同様のランプを持ち上げさせました。そして、「光が見えたならランプの桶を持ち上げるように」と命じました。こうして、ガリレオは桶をシャッター代わりにしてランプの明かりの往復の時間差を測定し、光速を測定しようとしたのです。

　しかし、この方法は失敗でした。往復10kmくらいの距離を光が伝わるには0.000033秒ほどしか要しません。これでは、桶を持ち上げる時間の誤差の方がはるかに大きくなってしまいます。

ガリレオの実験
2つの山の間で、ランプを合図にして光の速さを測定しようとした。

最初に光速を測定したレーマー

　デンマークの天文学者レーマーは1676年に、木星とその衛星イオを

280

観測中、イオが木星に隠れる時刻が予想よりもわずかに遅れていることに気づきました。この遅れの原因は光が木星から地球まで届くのに要する時間だと、レーマーは考えたのです。こうして、光の速度が初めて計算されました。この時に計算された光の速度は現在よりも30%小さい値でしたが、光には速さがあることを初めて証明した画期的な発見でした。

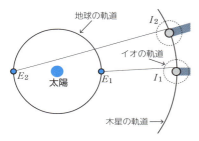

レーマーの測定
I_1 の位置でイオが隠れる時刻から I_2 の位置でイオが隠れる時刻を予想するとずれる。これは $E_1 - E_2$ 間を光が伝わる時間の遅れのためとレーマーは考えた。

地上で初めて光速を測定したフィゾー

光の速度を初めて地上の実験で測ったのはフランスのフィゾーで、1849年のことでした。フィゾーの測定の原理はガリレオの実験と同じです。ガリレオは光のシャッターの開閉に桶を利用しましたが、フィゾーは高速回転をする歯車を利用しました。

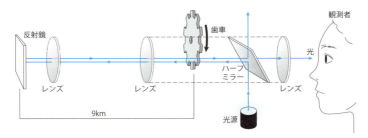

フィゾーはパリ市内のモンマルトルとパリ郊外のシュレーヌの間の約9kmで実験を行ないました。歯車の歯を通っていった光が反射されて戻ってくるときに、歯車の回転数によっては、戻ってくる光が歯車の歯の凸部でさえぎられて見えなくなることを利用したのです。要するに、桶のシャッターを歯車の歯のシャッターに改良したのです。このときの歯車の歯の数と回転数を知れば、光の速度が求められます。こうして得

られた光の速さは秒速31万3000km、現在の値の秒速30万kmにかなり近い値でした。

エーテル説

さて、話は変わりますが、光の波はどのような媒質を伝わるのでしょうか。音波は空気で、地震波は地殻を、というように、波は伝わる媒質を持ちます。光も何か特別な媒質を介して伝わると考えるのは自然です。そこで考え出された説が「**エーテル**」です（現在の化学薬品のエーテルとは異なります）。宇宙はエーテルに満たされ、それを媒介として遠い星からも光は伝わってくる、と考えたのです。19世紀の話です。

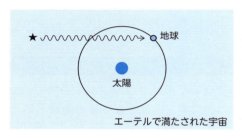

エーテル説
光はエーテルという仮想の物質を媒介にして伝わると考える。

マイケルソン・モーリーの実験と光速度不変の法則

こう考えると、知的欲求として、エーテルに対して地球はどれぐらいの速さで運動しているかを調べたくなります。これを解明する野心的な実験をしたのが、マイケルソンとモーリーでした。1887年のことです。

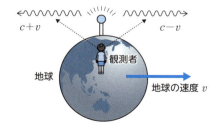

マイケルソン・モーリーのアイデア
地球がエーテルに対して運動しているならば、方向によって光の速度は異なるはず、というのが彼らの問題提起。図でvはエーテルに対する地球の速度、cは光速。

マイケルソン・モーリーの実験の原理を次ページの図に示しました。エーテルの方角に対して地球が運動しているならば、異なる方向の鏡

M_1、M_2から反射されてくる2行路の光には時間差があるはず、ということです。それを光の波の干渉（§24）によって測定しようとしたのです。

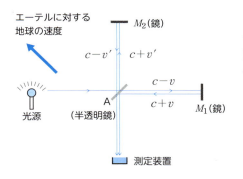

マイケルソン・モーリーの実験の原理
図でv、v'はエーテルに対する地球の速度成分。

結論からいうと、光の干渉は起こらず、どちらに観測機器を向けても光の速さの違いは見出されなかったのです。こうして、光についての不思議な性質「光の速度はどう測っても一定」（**光速度不変の法則**）が発見されたのです。この不可思議の解明はアインシュタインの理論を待つことになります。

問題にチャレンジ

〔問〕地上の光の速度をcとすると、等速で直線運動する電車の中で測った光の速さはどれぐらいになるでしょうか。

［解］　光速度不変の法則から、「c」。（答）

メモ

1mの長さの定義

　現在、1メートルの長さは、光の速度を使って決められています。以前は「メートル原器」と呼ばれる定規のようなものを基準にしていました。しかし、温度差などがあり、正確なものではありません。そのため、1983年に国際度量衡委員会は「1メートル＝光が真空中を2億9979万2458分の1秒の間に進む距離」と定めました。

§64

特殊相対性理論
――光の速さを有限として扱う際の必須の理論

　先に調べた光速度不変の法則（§63）は19世紀の物理学に大きな衝撃と混迷を与えました。その救世主として登場したのがアインシュタインの特殊相対性理論です。

ガリレイの相対性原理の破綻

　ガリレイ変換で結ばれている慣性系、すなわち等速度で互いに運動している慣性系同士では、自然を記述する方程式は不変になるはずです。これを**ガリレイの相対性原理**といいます（§20）。しかし、この原理は光速度不変の法則に矛盾します。例題で確認しましょう。

> （例題）ガリレイの相対性原理が成立すると仮定して、速さ50m/sでホームを通過する電車の中の人が進行方向に光を照射したとき、ホームの人が観測するその光速を求めてみましょう。

［解］光の速さをc(m/s)とすると、駅にいる人は光の速さを$c+50$と観測する。すなわち、見る立場で光速は変化するのです。（答）

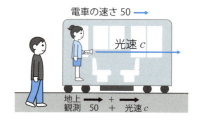

　この例題からわかるように、ガリレイ変換は「光速度不変の法則」と矛盾します。この矛盾を救うのがアインシュタインの**特殊相対性理論**です。要となる仮定は次の二つです。

(I) すべての自然法則は、あらゆる慣性系において同一である。
(II) 光速度はすべての慣性系で不変である。

前者を**アインシュタインの相対性原理**と呼びます。ガリレイの相対性原理（§20）と見かけは同一ですが、その自然法則に「光の世界」も含めていることが大きな飛躍です。

アインシュタインの相対性原理

アインシュタインは光の世界までも相対性原理(I)を拡張しました。ところで、光は電磁波と呼ばれる電気・磁気の現象です。その世界の基本方程式はマクスウェルの方程式です（§35）。マクスウェルの方程式は光速度不変の法則を内包しているのです。そこで、アインシュタインはマクスウェルの方程式の形を崩さない次の**ローレンツ変換**を慣性系の変換式として採用します（c は光速）。

座標系 O′ が座標系 O に対し x 軸方向に一定速度 v で移動しているとき、座標系 O から見た質点の位置 x、時刻 t と、座標系 O′ から見た質点の位置 x'、時刻 t' との間には、次の関係がある（ただし、$t=0$ のとき、両座標系は一致していると仮定する）。

$$t' = \frac{1}{\sqrt{1-\frac{v^2}{c^2}}}\left(t-\frac{vx}{c^2}\right), \quad x' = \frac{1}{\sqrt{1-\frac{v^2}{c^2}}}(x-vt) \quad \cdots (1)$$

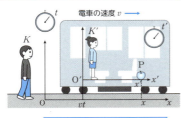

リンゴの位置 P を 2 つの座標系 O、O′ で眺めたときの変換公式がガリレイ変換とローレンツ変換。後者は、時間と空間を混ぜていることに注意。

ローレンツ変換
$t' = \gamma\left(t-\frac{vx}{c^2}\right) \quad x' = \gamma(x-vt)$
ここで $\gamma = \dfrac{1}{\sqrt{1-\frac{v^2}{c^2}}}$

ガリレイ変換
$x' = x-vt、t' = t$

この変換に対して、マクスウェルの方程式は形を変えないことが証明できます。ということは、慣性系の変換にローレンツ変換を採用することは、光速度不変の法則も保証していることになります。

時間と空間が混じる

ローレンツ変換の式を座標平面で表現してみましょう。点Pが座標系Oで (x, t)、座標系O'で (x', t') とするとき、右上図のように表せます。この図でわかるように、ローレンツ変換は時間に空間を混ぜる変換です。「時間はどう計っても同じ」という常識が崩れてしまうのです。

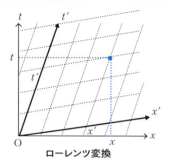
ローレンツ変換

ちなみに、速度 v が光速に比べて小さいとき（すなわち v/c を0とみなせるとき、）、ローレンツ変換はガリレイ変換と一致します。右下の図はこのガリレイ変換の際の座標平面の変換の様子です。この変換では、$t'=t$ であることを確認してください。

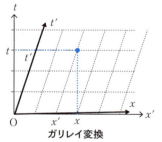
ガリレイ変換

同時性の相対性

特殊相対性理論の原理は普段の経験からはかけ離れた結論を提示してくれます。最もわかりやすいのは**同時性の相対性**と呼ばれる結論です。

いま、等速に右に直線運動をしている電車を考え、時計で時刻0のときに車内の中央にある電灯を点します。最初に乗客の立場で考えましょう。当然、前後の両壁に同時に光が到着します。

車内の座標系
車内の人から見れば、同時刻に両壁に光が届く。

次に、この現象を地上から見たとしましょう。地上でも光速は車内と同じです（光速度不変の法則）。上記と同様に車両中央で光を点すと、電車は右に進んでいるので、最初に左端に光が届きます（下図中央図）。そして、少し遅れて右端に光が届きます（下図右）。車内では同時であった現象が、地上からは同時とは観測されないことになります。

地上の座標系
地上の人から見れば、最初に進行方向後ろの壁に光が届き、次に時間を置いて進行方向の壁に光が届く。同時刻に光は両壁には到着していない。

この結論は、地上と電車の中それぞれに固有の時間を考えなければならないことを示しています。駅の時計を見て腕時計の針を合わせる、という操作が日常意味を持つのは、光速がほぼ無限として扱えるときの近似の話なのです。厳密には、地上、電車、飛行機、すべてに固有の時間が流れているのです。

問題にチャレンジ

〔問〕上記の電車の思考実験で、地上から見て列車の先端と後尾では、「時」が速く進むのはどちらでしょうか。

[解] 図からわかるように、後尾の方が速く進む。すなわち、電車の中の時刻は、地上からは位置によって進み方が違うのです。（答）

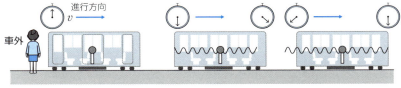

先端と後尾での時計は？

第6章 量子の世界から相対性理論まで
64 特殊相対性理論

287

§65

ローレンツ収縮と時間の遅れ
――動く物体の長さは短く見えるという不思議

前節では、相対性理論の原理が次の2原理から成り立っていることを確かめました。
(I) どの慣性系でも自然法則は同じという「相対性原理」
(II) どの慣性系でも光速は不変という「光速度不変の法則」
これらを認めると、時間や空間が独立したものではなくなります。

ローレンツ収縮の意味

いま、時速 v で等速に直線運動している電車を考えます。最初に乗客の立場で考えます。その車両の中央で電灯を点し、光がその両端に同時に到着したときに、両側にいる人が地上に旗を刺したとしましょう。

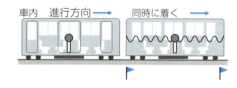

電車の中
中央の光は同時に両壁に届く。

この現象を地上の人が見たとします。地上でも光速は車内と同じです（光速度不変の法則）。上記と同様に車両中央で光を点すと、電車は右に進んでいるので、最初に左端に光が届き（中央の図）、車両の左端の地面に旗が刺され、少し遅れて右端に光が届きます（右端の図）。

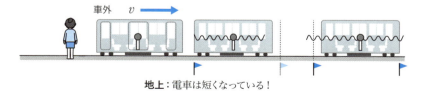

地上：電車は短くなっている！

このとき、旗を刺すという事象の間に、電車がすっぽり2つの旗の間に納まっているということです。つまり、車両の長さは短くなっているのです！　相対性理論を認めると、このように相対的に運動しているものの長さは短く見えます。これを**ローレンツ収縮**といいます。

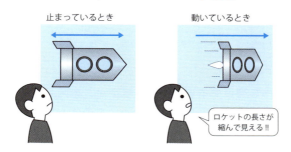

時間の遅れ

ローレンツ収縮の公式を調べる前に、先に「時間の遅れ」について考えます。これも、相対性理論を考えるときには大変有名なテーマです。

先と同じように、列車の実験を考えます。車両の中央の天井に光源を置き、その真下の床に鏡を貼って、今度は光を真下に向け照射し、反射して光源に戻ってくる光を検知することにします。

まず、地上を等速で直線運動する列車にいる乗客の立場から考えます。天井の高さを L、光速を c とすると、天井と鏡の光の片道の時間を T' として、右の図から次のように表せます。

$$往復時間\ 2T' = \frac{2L}{c} \cdots (1)$$

今度は地上の人が観測してみましょう。

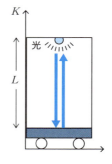

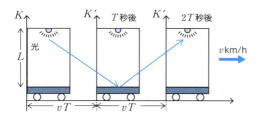

地上
光の片道の時間 T の間に車両は vT 進む。

前ページから、三平方の定理より天井と鏡の光の片道の時間を T とすると、
$$(cT)^2 = L^2 + (vT)^2$$
（注）垂直方向は運動していないので、長さは L 不変という仮定を利用しています。これと（1）から、T と T' との関係が求められます。

往復時間 $2T = \dfrac{2L}{\sqrt{c^2-v^2}} = \dfrac{2L}{c\sqrt{1-\dfrac{v^2}{c^2}}} = \dfrac{2T'}{\sqrt{1-\dfrac{v^2}{c^2}}}$

光が天井と床を往復するという同じ現象を、車両の中の人は $2T'$、車両の外の人は $2T$ 時間と感じるわけです。この式からわかるように $2T'$ の方が小さくなります。動く車両の中にいる人の時間は地上の人から観測すると遅く時が進むのです。これを**時間の遅れ**と呼びます。

> 慣性系 K の時間 T と、系 K に対して等速度 v で運動する系 K' の時間 T' とについて、次の関係が成立する。ここで、c は光の速さ。
> $$T' = \sqrt{1-\dfrac{v^2}{c^2}}\, T \quad \cdots (2)$$

動いている人の時計は、止まっている人から見ると $1/\sqrt{1-\dfrac{v^2}{c^2}}$ 倍ゆっくりと時を刻んでいることとなります。SF小説で、宇宙船で旅行した人が地上に戻ると周りの人は他界していたという浦島太郎的な話がありますが、その理論的根拠です。

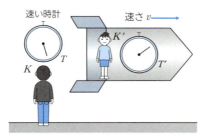

時間の遅れ
動いている中の時計は、止まっているところの時計より、ゆっくり進む。
$$T' = \sqrt{1-\dfrac{v^2}{c^2}}\, T$$

ローレンツ収縮の公式

話をローレンツ収縮に戻します。ローレンツ収縮で長さがどれくらい縮むかを具体的に調べてみましょう。先と同様、列車で考えてみます。今度は車両後方の壁から前方の壁の鏡に向かって光を照射し、その反射してくる光を再び車両後方の壁で測定するという実験をします。列車は地上 K を速さ v で等速直線運動すると仮定します。

最初に、列車にいる乗客の立場 K' から考えましょう。光速を c、列車の長さを L' とすると、往復時間 $\Delta t'$ は次のように表せます。

$$\Delta t' = \frac{2L'}{c} \quad \cdots (3)$$

電車の中
光の往復時間は $2\dfrac{L'}{c}$。

次に地上 K の人がこの現象を見たとします。列車の長さを L とし、光を照射してから車両の進行方向の壁に到着するまでに要する時間を t_1、反射してから車両後方の壁に到着するまでに要する時間を t_2 とします。t_1、t_2 は次の図から以下の関係を満たします。

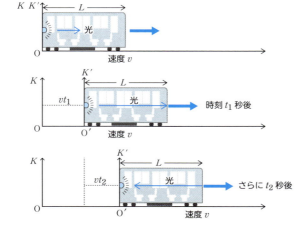

地上
光を前方に照射。

光が行きの片道を進む時間 t_1 の間に車両は vt_1 進む。

光が帰りの片道を進む時間 t_2 の間に車両は vt_2 進む。

$$ct_1 = L + vt_1、ct_2 = L - vt_2$$

これから、　$t_1 = \dfrac{L}{c-v}$　、$t_2 = \dfrac{L}{c+v}$

こうして、往復時間 Δt は次のように求められます。

$$\Delta t = \frac{L}{c-v} + \frac{L}{c+v} = \frac{2Lc}{c^2 - v^2}$$

これを式（3）の $\Delta t' = \dfrac{2L'}{c}$ で辺々割って、

$$\frac{\Delta t}{\Delta t'} = \frac{2Lc}{c^2 \, v^2} \div \frac{2L'}{c} = \frac{c^2}{c^2 \, v^2} \cdot \frac{L}{L'} = \frac{1}{1 - \dfrac{v^2}{c^2}} \cdot \frac{L}{L'}$$

先の時間の遅れの公式（2）から、左辺は $\dfrac{1}{\sqrt{1 - \dfrac{v^2}{c^2}}}$ なので、

$$\frac{1}{\sqrt{1 - \dfrac{v^2}{c^2}}} = \frac{1}{1 - \dfrac{v^2}{c^2}} \cdot \frac{L}{L'}$$

以上をまとめると、次のように表現できます。これが**ローレンツ収縮の公式**と呼ばれる式です。

ある慣性系 K の x 軸方向に等速度運動するある慣性系 K' を考える。K' の x 軸方向の長さ L' は、系 K で次のような長さ L として観測される：　$L = \sqrt{1 - \dfrac{v^2}{c^2}}\, L'$　　（c は光の速さ。）

動いている列車の長さ L は静止している長さ L' よりも $\sqrt{1 - \dfrac{v^2}{c^2}}$ 倍だけ短く見えるのです。

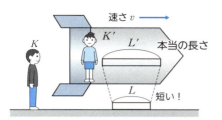

ローレンツ収縮の公式
地上の人が観測する棒の長さ L はロケットの中(静止系)で観測する棒の長さ L' より短くなる。図はあくまでイメージであり、同時に長さを測定しているわけではない。

問題にチャレンジ

〔問〕秒速 60m（時速 216km）で走る全長 400m の新幹線 1 編成は、駅のホームから見てどれくらい短く見えるでしょうか。光の速さは秒速 3×10^8m とします。

〔解〕 新幹線の全長 $=\sqrt{1-\dfrac{60^2}{(3\times10^8)^2}}\times400 \fallingdotseq 400(1-2\times10^{-14})$ m

すなわち 8×10^{-12}m 短く見える。（答）

メモ

ミューオンの寿命

地球には宇宙線が降りそそいでいます。この宇宙線が大気圏に突入するとミューオンという素粒子が作られ、地表まで降ってきます。福島第一原発の原子炉内の撮影に使われたことから、マスコミで話題になりました。このミューオンは静止している場合、寿命は 2×10^{-6} 秒。光速でも 600 メートル程度しか走れないはずですが、地上に届きます。その理由はまさに「時間の遅れ」(2) があるからです。

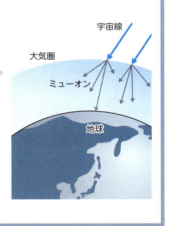

ローレンツ収縮と時間の遅れ

§66

質量増大の公式
――質量を持った物質は光の速度には達せられないという公式

本節では**質量増大の法則**と呼ばれる次の公式を調べます。

> 慣性系 K' で静止した質量 m_0 の物体を、この系に対して等速度 v で移動する慣性系 K で見たときの質量 m は次の式で表される。
>
> $$m = \frac{1}{\sqrt{1 - \frac{v^2}{c^2}}} m_0 \quad (c \text{ は光速}) \cdots (1)$$

地球に対して光速の半分（$=c/2$）で飛ぶ宇宙船。その中に置かれた質量 100g のリンゴを地上で見ると次の質量に見えます。

$$m = \frac{1}{\sqrt{1 - \frac{\left(\frac{c}{2}\right)^2}{c^2}}} \times 100 = \frac{1}{\frac{\sqrt{3}}{2}} \times 100 = 115.5 \text{ g}$$

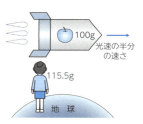

質量増大の公式の導出

公式（1）を導出するために、慣性系とみなす地上 K と、それに対して等速 v で紙面の右方向に走る電車 K' を考えます。

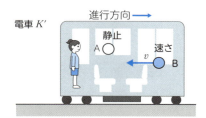
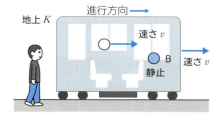

電車の中 K' で静止した質点 A に右方向から速さ v の質点 B を衝突させる実験をします。2 つの質点は静止したときに同一の質量 m_0（これを**静止質量**と呼びます）を持ち、衝突はかする程度、すなわちぶつけられた質点 A は軽く鉛直方向によろよろと動き出す程度とします。

最初に電車 K' でこの衝突現象を見てみましょう。

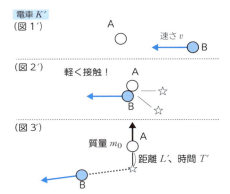

電車の中 K'
図 1' では、静止している質点 A に向かって B が水平右方向から速さ v で飛来します。
図 2' では、接触された A は運動量をもらいます。
図 3' で B は飛び去り、A はほぼ垂直上方向によろよろと動き出します。

ここで、衝突後の A の縦方向の運動量の大きさを P_A'、B の縦方向の運動量の大きさを P_B' とするとき、運動量保存の法則から、

$$P_A' = P_B' \cdots (2)$$

図 2' から図 3' への時間を T'、A の移動距離を L' としましょう。紙面縦方向の速さはほとんど 0 であり、古典力学の公式が使えるので、縦方向の運動量（質量 × 速度）の大きさは次のように表現されます。

（車内）A の縦方向の運動量の大きさ $P_A' = m_0 \times \dfrac{L'}{T'} \cdots (3)$

次に、この衝突現象を地上 K で見てみます。

📝 **メモ**

光速は超えられない！

公式（1）を見ればわかるように、運動する物体の速さが c に近づくと、分母は 0 に近づき、質量 m は無限に大きくなることがわかります。いくら力を加えても、加速できなくなるのです。「光速を超える速さを実現できない！」ことがわかります。

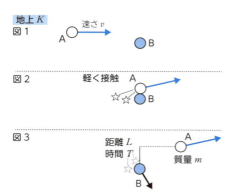

地上 K
図1では、静止している質点Bに向かって質点Aが水平左方向から速さvで飛来します。
図2では、接触されたBは運動量をもらいます。
図3でAは飛び去り、Bはほぼ垂直下方向によろよろと動き出します。

　地上では、止まった質点Bに質点Aが左から水平にぶつかるように見えます。ここで、衝突後のAの縦方向の運動量の大きさをP_A、Bの縦方向の運動量の大きさをP_Bとするとき、運動量保存の法則から、

$$P_A = P_B \cdots (4)$$

　図2から図3への時間をT、Bの移動距離をLとすると、紙面の縦方向の速さはほとんど0であり、古典力学の公式が使えるので、縦方向の運動量（質量 × 速度）の大きさは次のように表現されます。

（地上）Aの縦方向の運動量 $P_A = m \times \dfrac{L}{T} \cdots (5)$

　ここで、地上で観測する質量をmとしていることに注意しましょう。
　さて、図を見ればわかるように、地上での衝突現象と電車の中での衝突現象は向きを変えれば全く同じ現象といえます。質点Aの動きと質点Bの動きは完全に対称的です。そこで、大きさだけを考えれば、Aの縦方向の運動量について次の関係が成立します。

$$P_A' = P_B \cdots (6)$$

(2)(4)(6) より、 $P_A = P_A' \cdots (7)$

(3)(5)(7) をまとめて、 $m_0 \times \dfrac{L'}{T'} = m \times \dfrac{L}{T} \cdots (8)$

　電車は等速度vで右方向に動いているので、次の関係が成立します。

$L = L'$（縦方向にローレンツ収縮はない） $\cdots (9)$

$$T = \frac{1}{\sqrt{1-\frac{v^2}{c^2}}} T' \quad (\S 65 \text{の「時間の遅れ」の公式}) \cdots (10)$$

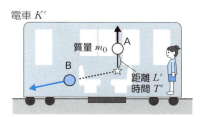
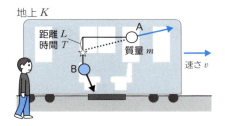

(9)(10)を(8)に代入して、$m_0 \times \dfrac{L'}{T'} = m \times \dfrac{\sqrt{1-\dfrac{v^2}{c^2}} L'}{T'}$ ⋯ (11)

こうして、最初に示した「質量増大の公式」が得られます。動く物体の質量は、「重く」感じるということです。

$$m = \frac{1}{\sqrt{1-\frac{v^2}{c^2}}} m_0 \quad \cdots (1)(再掲)$$

問題にチャレンジ

〔問〕100kgの質量の人が秒速60m(時速216km)の新幹線に乗ったとき、地上から見てどれくらいの質量になるでしょうか。光の速さは秒速 3×10^8 m とします。

〔解〕 $\dfrac{1}{\sqrt{1-\dfrac{v^2}{c^2}}} = \dfrac{1}{\sqrt{1-\dfrac{60^2}{(3\times 10^8)^2}}} \fallingdotseq 1 + 2 \times 10^{-14}$ 倍

すなわち、100kg × 2×10^{-14} = 2×10^{-12} kg 増える。(答)

66 質量増大の公式 — 第6章 量子の世界から相対性理論まで

§67

アインシュタインの公式 $E=mc^2$
―― 原子爆弾や原子力発電の原理

　太陽が燃え、原子爆弾が炸裂し、原子力発電所がエネルギーを作る原理となるのが次の**アインシュタインの公式**です。

> 質量 m の持つエネルギー E は、$E=mc^2$　（c は光速）…（1）

（例題）太陽は水素原子 4 個が 1 つのヘリウムとなる核融合反応で燃えています。この反応の際に 0.7% の質量が減少することが知られています。水素 100g から取り出されるエネルギー E を求めましょう。ただし、光の速さは秒速 3×10^8m とします。

［解］　水素 100g の 0.7%＝0.0007kg がエネルギーに変換されるので、
$$E=mc^2=0.0007\times(3\times10^8)^2=6.3\times10^{13}\text{J}\,\text{（答）}$$
　1 カロリーは 4.2 ジュールなので、東京ドームを満たす水（＝124 万 m³）を約 12°C 上昇させる能力を有します。

$E=mc^2$ を導出

　公式（1）を導出するために、慣性系とみなす地上 K と、それに対し

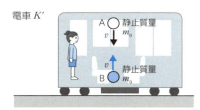
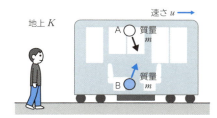

て微小等速度（大きさ u）で紙面右方向に走る電車 K' を考えます。

電車の中 K' で、同じ静止質量 m_0 を持つ質点 A、B を考え、速さ v で鉛直方向に衝突させる実験を考えます（左図）。衝突後、それらは合体し静止したとします。このときの合体質量を M_0 とします。最初に電車 K' でこの衝突現象を見てみましょう。

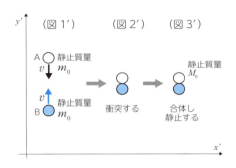

電車 K' でこの衝突現象を見る
静止質量 m_0 を持つ質点 A、B は衝突後合体し静止する。このとき合体質量を M_0 ($\fallingdotseq 2m_0$) とします。

この実験を地上 K で眺めてみましょう。そこで観測される A、B の質量を m とします。電車は右方向に微小速度（大きさ u）で進むので、A、B の速さは下図右に示す矢 w の長さとなります。

地上 K でこの衝突現象を見る

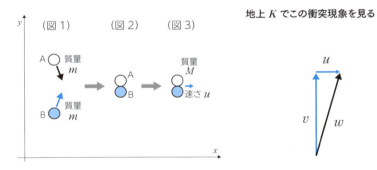

質量増大の公式（§66）及び u は小さいという仮定から、m_0、m には次の関係が成立します。

$$m = \frac{1}{\sqrt{1 - \dfrac{v^2}{c^2}}} m_0 \quad \cdots (1)$$

さて、紙面の横方向の運動量保存法則から、合体質点粒子の質量を M として、次の関係も成立します。

$$mu + mu = Mu$$

ここで電車の速さ u は微小なので、合体質点粒子 M の質量は静止質量 M_0 を用いて、

$$2m = M_0 \cdots (2)$$

衝突前の各質点の持つ（内部エネルギーを含めた）総エネルギーを E、衝突後の合体粒子の（内部エネルギーを含めた）総エネルギーを E_0 とすると、（K 系で見て）系全体のエネルギー保存則から、

$$2E = E_0 \cdots (3)$$

この式 (3) を式 (2) で割って、次の関係式が得られます。

$$\frac{E}{m} = \frac{E_0}{M_0}$$

衝突前後で総エネルギーを質量で割った値は一定なのです。換言すれば「総エネルギーは質量に比例する」といえます。すなわち、

$$E = km、E_0 = kM_0 \quad (k は定数) \cdots (4)$$

この比例定数を計算すると（〔メモ〕欄参照）、値は c^2 になります。

$$k = c^2 \cdots (5)$$

こうして、最初に掲げた次の**アインシュタインの公式**が得られます。相対性理論の中で最も有名な公式です。

$$E = mc^2 \quad (c は光速) \cdots (1)（再掲）$$

✍ 問題にチャレンジ

〔問〕水 1g がすべてエネルギーに変換されるとしたなら、何カロリーのエネルギーになるでしょうか。光の速さを秒速 3×10^8m とします。

〔解〕 $mc^2 = 0.001 \times (3 \times 10^8)^2$ ジュール $= 0.001 \times (3 \times 10^8)^2 / 4.2$ カロリー
計算して、$(9/4.2) \times 10^{13} = 2.14 \times 10^{13}$ カロリー。東京ドームを満たす水 ($= 124$ 万 m^3) を約 17℃ 上昇させる能力を有します。(答)

総エネルギーの式 $E=km$ の比例係数 k の算出

粒子1個が持つ総エネルギーは次のように表せることを本文((4)式)で調べました。この比例定数 k を求めてみましょう。

$E=km$ (k は定数) …(ⅰ)

簡単な方法は古典力学に頼る方法です。古典力学では、質量 m の静止粒子1個が小さい速さ v を持つとき、エネルギーは $\frac{1}{2}mv^2$ だけ増えます。静止しているときの質量を m_1、総エネルギーを E_1、速さ v のときの質量を m_2、総エネルギーを E_2 とすると、エネルギー保存則から、

$$\frac{1}{2}m_2v^2 = E_2 - E_1$$

これと(ⅰ)から、

$$\frac{1}{2}m_2v^2 = k(m_2 - m_1) \quad \cdots (ⅱ)$$

また、質量増大の公式(前節 §66 (1))

$$m_2 = \frac{1}{\sqrt{1-\frac{v^2}{c^2}}} m_1 \quad (c は光速)$$

から v を求めて、$v^2 = \frac{m_2{}^2 - m_1{}^2}{m_2{}^2} c^2$

これを上記(ⅱ)の左辺に代入し、両辺を $m_2 - m_1$ で約し、整理すると、

$$k = \frac{m_2 + m_1}{2m_2} c^2$$

古典力学が成立する世界で考えているので、$m_2 = m_1$ とみなせる。よって、

$$k = c^2$$

こうして本文の式(5)が得られました。

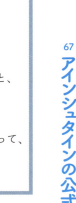

§68

一般相対性理論
――ブラックホールなどの宇宙論の基本理論

　アインシュタインは光の速度はどの観測者から見ても一定であることを前提にし、物理法則がどの慣性系でも同じ形式で表されるという理論を作りました。この理論は重力を考慮していなかったため**特殊相対性理論**と呼ばれます。アインシュタインは、さらに考えを進めて、重力を含めた理論を 1916 年に発表します。これこそ**一般相対性理論**です。

慣性力は重力に似る

　バスがブレーキをかけると、乗客は力を受けます。乗客には何も力が働いていないのに、進行方向に力を感じるわけです。このような見かけの力を**慣性力**と呼びます（§11）。この慣性力は質量に比例するという性質があります。このため、バスが急ブレーキをかけたとき、小柄な人よりも太った人の方がより大きな力を感じます。

太った人の方が小柄な人よりもより大きな慣性力を受ける。

等価原理

　重力は質量に比例します。1kg の鉄球より 2kg の鉄球の方が 2 倍重く感じるのはこのためです。これは上記の慣性力の性質とピッタリ一致します。アインシュタインはこの性質に加え、次のようなことを考えま

した。乗っているエレベーターを吊り下げているロープが切れる、という思考実験です。ロープが切れ、エレベーターが自由落下を始めれば、乗客にとって重力は感じられなくなります。地上から見ればエレベーターは等加速度運動していますが、乗客にとっては慣性系のように感じられるはずです。

エレベーターの思考実験
静止したエレベーターにいる乗客はリンゴの重さをしっかり感じる（図1）。ここでロープが切れると、乗客はリンゴの重さを感じなくなり（図2）、このエレベーターの中を慣性系と感じるはず。

このエレベーターの中で物理法則はどう記述されるでしょうか。アインシュタインの結論はこうです。

「エレベーターの中での物理法則は慣性系と同一である。」

すなわち、重力はなくなってしまうのです。重力は眺める立場によって消えてしまう慣性力そのものと捉えられるのです。この重力と慣性力の一致のアイデアを**等価原理**と呼びます。この等価原理をさらに一般化したのが**一般相対性原理**と呼ばれる次の法則です。

> 物理法則はすべての座標系において同じ形で表される。

特殊相対性理論では「すべての慣性系」だったものを加速度系まで含めた「すべての座標系」に置き換えたのです。この要請に沿うよう、アインシュタインは物理法則を整え、**一般相対性理論**という壮大な理論を完成します。

アインシュタインの打ち立てたこの相対性理論は、その後の天文学の発展の基礎となりました。宇宙全体の枠組みが語れるようになったのも一般相対性理論の賜物といえるでしょう。

光が重力で曲げられる

　一般相対性理論の有名な話の一つとして、「重力により光が曲げられる」という結論があります。再びロープが切れ、自由落下するエレベーターの実験で調べてみましょう。

　一般相対性原理が成立するなら、ロープの切れたエレベーターの中で光は直進します。しかし、外の観測者にはエレベーターは速度を増しながら落ちていきます。すると、つられて光は曲がって進みます。「光は直進する」という太古の昔からの常識がここで覆されるのです。

エレベーターの実験
自由落下するエレベーターの中の人には重力のない慣性系と感じられる。慣性系では光は直進する。重力を感じる地上でそれを見ている人には、エレベーターと共に光も曲がって見える。

　光が曲がるという現象は水やガラスの中を光が通過するときにも起こります。そこで、重力は空間を等質でないものに変質させたと考えられます。これを**重力は空間をゆがめた**、と表現します。

一般相対性理論と天文学

　光が空間をゆがめる現象は、近年いろいろな観測から確かめられています。例えば天文学で**重力レンズ効果**と呼ばれる現象があります。本来1つである星や銀河が、途中の大きな銀河によって空間がゆがめられ、複数に見える現象です。

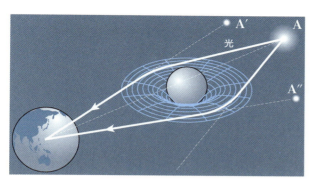

地球からは
星が2つに見える

重力レンズ効果
光は重力に吸い付けられるように曲げられる。それを端的に表すのが重力レンズ効果。右の図のように、同じ一つの星が複数に見える。

一般相対性理論は身近な存在

　相対性理論は**カーナビ**でも利用されています。カーナビは複数のGPS衛星からの電波を受信し、それら電波に載せられた時刻の差から距離を計測し、三角測量で位置決めをします。ところが、カーナビ開発当初、予期せぬ位置のズレが生まれました。それを解決したのが特殊及び一般相対性理論です。それらの理論が予言するように、GPS衛星は地球の重力圏内で高速に飛んでいるため時間の進み方に微妙なズレが生じるのです。そこで、カーナビには相対性理論を使った補正機能が組み込まれました。

問題にチャレンジ

〔問〕相対論的な補正をしないと、カーナビは1日におよそ38マイクロ秒ずれるといいます。もし1日補正をせずに走り続けたとして、距離に換算して何km程度ずれた位置を示すのでしょうか？

［解］　1日に38マイクロ秒ずれるので、光速は30万km/秒だから、
　　　　38マイクロ秒×30万km/秒 ≒11km（答）

§69

ヘルツシュプルング＝ラッセル図
——星の進化と宇宙の距離の測定に不可欠な相関図

　高等学校の地学の授業では必須のテーマの**ヘルツシュプルング＝ラッセル図**について調べます。**HR図**と略されて表現されるのが普通ですが、宇宙の法則が濃厚に詰まっています。

ポグソンの式で「星の等級」を表す

　紀元前 150 年頃、ギリシャの天文学者ヒッパルコスは夜空で最も明るい星を 1 等星、次に明るい星を 2 等星、そして眼で見えるいちばん暗い星を 6 等星と名づけました。これが星の等級の起源です。

　1850 年頃、イギリスの天文学者ポグソンは、このように経験的にとらえていた等級を数式で表そうと試み、対数による尺度で再定義しました。すなわち、1 等級と 6 等級の明るさの差を正確に 100 倍として星の明るさを定義したのです。

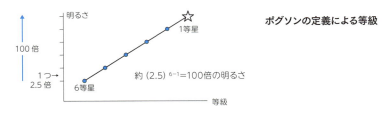

　この定義から m_1 等級の星の明るさを l_1、m_2 等級の星の明るさを l_2 とすると、星の明るさの比と等級差の関係は次のようになります。

$$\frac{l_1}{l_2} = 100^{\frac{m_2-m_1}{5}} \quad \text{（対数で表すと} \quad m_2 - m_1 = 2.5 \log \frac{l_1}{l_2} \text{）}$$

この式を**ポグソンの式**といいます。

この式は明るさの比と等級差の関係を示しているにすぎないので、基準となる明るさの星が必要です。ポグソンは、こと座のベガを0.0等級として明るさの基準としました。

このように定義すると、星の明るさを連続的に定義できます。例えば、全天で一番明るいといわれるおおいぬ座のシリウスは−1.4等級となります。

絶対等級──10パーセクの位置に置く

HR図を作成するには絶対等級で星を表す必要があります。

ポグソンによる定義は、相対的な星の明るさの定義です。遠い星はいくら明るくても地球には暗く見えますし、逆に近い星は暗くても明るく見えます。そこで、星の本当の明るさを知るには、その星を一定の距離に置いて測らなければ意味がありません。このように測った星の明るさの等級を**絶対等級**と呼びます。具体的には、星を地球から10パーセク（32.6光年）の距離に置いたときに、ポグソンが定義した等級をあてはめるのです。

10パーセク（32.6光年）

絶対等級
星を10パーセク（32.6光年）先から眺めたときの等級

（注）1パーセク（pc）とは年周視差（§70）が1秒角となる距離をいい、3.26光年の距離となります。下表は代表的な星の絶対等級。

星名	星座名	絶対等級	みかけの等級	距離（pc）
ベガ	こと座	0.5	0.0	7
アンタレス	さそり座	−4.7	1.0	150
ベテルギウス	オリオン座	−5.6	0.4	150
シリウス	おおいぬ座	1.4	−1.4	2
北極星	こぐま座	−4.6	1.9	120
アルデバラン	おうし座	−0.3	0.8	18
スピカ	おとめ座	−3.5	0.9	79
太陽	—	4.8	−26.7	1億4960万km

星の表面温度は色でわかる

HR図を作成するには、星の表面温度も知る必要があります。温度計を何光年も離れた星に持っていくわけには行きませんが、地球にいながらにして星の表面温度を測る方法があります。星の色を調べるのです。よく知られているように、物が熱せられたとき、低い温度では赤く、高い温度では青く輝きます。この色の特性を利用します。

温度	25000	10700	7500	6000	4900	3400
スペクトル型	B	A	F	G	K	M
色	青白		白	黄	オレンジ	赤

色と温度
色をスペクトル型としてB〜Mに分類する。赤いほど表面温度は低く、青いほど表面温度は高い。

HR図の意味するところは？

いよいよ準備ができました。天球の星を観測し、絶対等級を縦軸に、スペクトル型（星の表面温度）を横軸に、各星のデータをプロットしてみましょう。これが**ヘルツシュプルング=ラッセル図（HR図）**です。

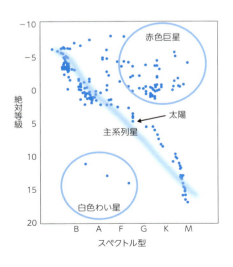

ヘルツシュプルング=ラッセル図（HR図）
絶対等級を縦軸に、スペクトル型（星の表面温度）を横軸に、各星のデータをプロットした図。

HR図から、星が3つのグループに分かれていることが見て取れます。前ページの図に示しているように、**主系列星**、**赤色巨星**、**白色わい星**と呼ばれるグループです。星の大部分は主系列星に位置し、赤色巨星や白色わい星の割合はわずかです。太陽も主系列星の真ん中辺りに位置します。

主系列星の数が顕著に多いことは星が一生の大部分を主系列で過ごすことを、赤色巨星、白色わい星は主系列星の進化した段階であることを、現代天文学は解明しています。

👆 問題にチャレンジ

〔問〕赤色巨星の大きさは主系列星の大きさに比べて大きいことが想像されます。白色わい星は主系列星の大きさに比べて小さいことが想像されます。それぞれどうしてでしょうか。

〔解〕 HR図で、赤色巨星を同じ表面温度の主系列星と比較してみましょう。表面温度が同じなら単位面積当たりの輝度は同じです。それなのに赤色巨星の方が明るい（絶対等級が小さい）ということは、赤色巨星が巨大だからだ、と考えられます。同様に、白色わい星を同じ表面温度の主系列星と比較してみましょう。白色わい星の方が暗い（絶対等級が大きい）ということは、同様な理由から白色わい星が小さいからだ、と考えられます。（答）

第6章 量子の世界から相対性理論まで

69 ヘルツシュプルング＝ラッセル図

§70

ハッブルの法則
―― 宇宙創成の基本シナリオを提供

　1633年、ガリレオが「それでも地球は回る」といったときの宇宙の中心は太陽でした。それから地動説が次第に力を得るようになりましたが、やはり想定される宇宙像は太陽が中心でした。そこに大革命を起こす主張が発表されるのです。「宇宙は膨張する」という考えで、しかも、「遠くはなれた銀河ほど遠ざかる速さは大きい」というのです。これを最初に主張したのがアメリカの天文学者ハッブル（1889〜1953）です。このハッブルの理論を調べることにしましょう。

宇宙の形を考える

　宇宙の形を最初に意識的に観測したのはドイツ生まれでイギリスへ渡った**ハーシェル**（1738〜1822）でしょう。天球上に張りついたように見える恒星は、それぞれ距離が異なり、薄い円盤状の構造をしていることを測定しました。銀河の発見です。

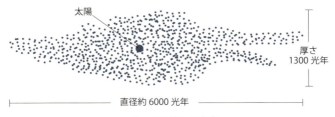

ハーシェルの描いた宇宙

　しかし、まだ銀河の中心には太陽をイメージしています。この太陽中心を打ち砕いたのがアメリカの天文学者**シャプレー**でした。銀河の中心は太陽から約5万光年ほど離れた、いて座の方向にあることを測定したのです（1918年）。太陽は宇宙の中心ではなかったのです。

その頃から高性能の望遠鏡が建設されるようになり、次第に星の情報が整理されていきます。そして、太陽の存在する銀河系以外にも銀河が多数あることが発見されるのです。その先鞭をつけたのもハッブルです。宇宙には無数の銀河が点在しているのです。

遠い天体までの距離の測り方

　ところで、遠い銀河までの距離をどのように測定するのでしょうか。近い星については三角測量を利用します。下図に示す**年周視差**と呼ばれる季節による星の方向の違いを測定し、三角関数を利用して距離を求めるのです。

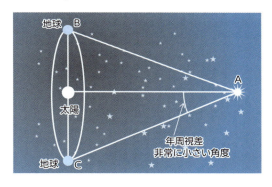

年周視差を用いた距離の測定
100光年程度までなら、この方法で測定可能。しかし、何億光年ものかなたの星には不可能。

　年周視差による方法は、遠い星や銀河の距離の測定には利用できません。そのような場合は、HR図（§69）を利用します。

　遠い星でも、星の表面温度は光のスペクトルを調べればわかります。すると、その星の絶対等級をHR図から推定できるのです（右図）。絶対等級がわかれば、光が距離の2乗に比例して減衰することを利用し、星までの距離がわかります。

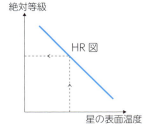

　さらに遠い銀河までの距離は**変光星**を利用します。

　変光星とは周期的に明るさを変える星のことですが、**セファイド変光星**と呼ばれるタイプは変光の周期が同じなら、その変光星の明るさが同じであること、そして変光の周期が長いほど明るいことが発見されまし

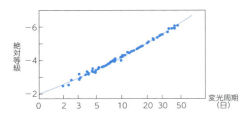

周期光度関係
セファイド変光星は変光の周期から星の明るさがわかる。

た。この周期と明るさの関係を**周期光度関係**といいます。

　この関係を使えば、銀河内にセファイド変光星を見つけ出し、その周期を測定すれば、その変光星の絶対等級がわかります。すると、HR図を利用したときと同様、遠い銀河までの距離が推定できるのです。

赤方偏移

　星は宇宙に張り付いているのだろうかという疑問を持ったハッブルは、さらに星の速度も観測しました。地球と他の星との相対速度はドップラー効果を利用します（§23）。ドップラー効果とは波の発信源と観測者とが相対運動をしているとき、周波数が変化するという現象です。光についてもこれが成立します。実際に測定すると、銀河から来る光の波長は伸びていることが確かめられました。これを**赤方偏移**と呼びます。

赤方偏移
波長がわかる水素特有の光を調べると、どの銀河から来る光も波長が長くなっている。

　このようにしてハッブルは「ハッブルの法則」と呼ばれる宇宙の大法則を発見する契機を得たのです。

ハッブルの法則

　銀河の距離の測定とその速度の測定結果を整理したハッブルは、いよいよ**ハッブルの法則**を発表します。

> 地球から銀河が遠ざかる速さを v、銀河までの距離を R とすると、$v=HR$ と表せる。すなわち、銀河の遠ざかる速さは距離に比例する。

この式の中の比例定数 H を**ハッブル定数**と呼びます。

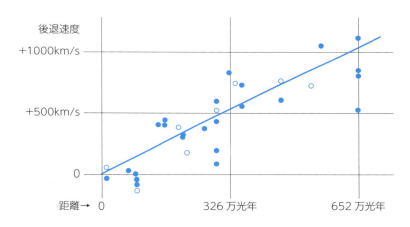

ハッブルの法則：ハッブルの求めた速度距離の比例関係を示す図。地球から遠い銀河ほど速い速度で遠ざかっている。

　現在、このハッブル定数はかなり正確に求められています。いまではセファイド変光星の見つけられない非常に遠い銀河の距離をこのハッブルの法則を用いて測定しています。

宇宙は膨張している

　ハッブルの法則を解釈してみましょう。
　宇宙では、地球や太陽を特別扱いする理由はありません。ハッブルの法則は「地球からの距離に比例して銀河は遠ざかっていく」とありますが、これは「互いの銀河は距離に比例して遠ざかっていく」と修正するのが正しいでしょう。これをどのようにイメージすればよいのでしょうか？　これを理解するために利用されるのが風船のイメージです。

ハッブルの法則の理解の仕方
自分が風船にとまるハエと考える。そして、風船の外側や内側のことを感じる能力はないと仮定する。

　私たちの世界は3次元（立体の世界）ではなくて2次元（面の世界）にあるとします。私たちはその2次元の世界に住んでいて、その内側も外側も認識できないとします。すなわち、風船の上にとまるハエと考えてください。そして、銀河などの天体もハエとなってこの風船の表面に張り付いていると想像してみましょう。

　では、この風船を膨らませてみます。下図A、B、Cにとまる3匹のハエの間隔はどんどん広がります。面白いことに、その広がる速さは離れているほど速くなります。これがハッブルの法則の成立する宇宙像なのです。

 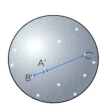 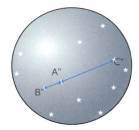

ハッブルの法則の成立する宇宙像

ビッグ・バン宇宙像

　ハッブルの法則が成立すると仮定し、時間を戻すことにしましょう。すると、宇宙はある1点に収縮することになります。これが**ビッグ・バン**と呼ばれる宇宙論です。収縮した1点から爆発して宇宙が誕生したというモデルです。多少修正を加えられながら、現在ではこのモデルの正しさがデータ的に証明されています。

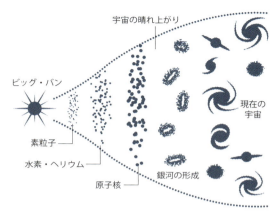

ビッグ・バン宇宙
いまから130億年余り前に、ビッグ・バンが起こったと考えると、宇宙の法則は説明しやすくなる。エネルギーから素粒子が、そして原子が生まれたと考えられている。

ハッブル以後の宇宙像

　さて、上記の風船を膨らませる速さは時間と共に遅くなるのでしょうか、一定なのでしょうか。われわれの常識からすると、「遅くなる」という答えが期待されます。膨らませる原因がなければ、次第にビッグ・バンの衝撃は弱まる、というのが人の常識だからです。しかし、実際の観測によると、膨張速度はますます加速しているのです。何か特別なエネルギーが空間を加速度的に膨張させていると考えられます。そして、その「何か」として**ダークエネルギー**というものがにわかに注目を集めています。様々な手法で天文学や物理学はその正体を求めようとしています。近年、ますます宇宙が面白くなってきているのです。

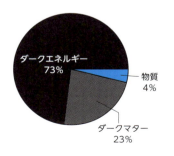

現代の天文学が考える宇宙の構成実体。ダークエネルギーは宇宙膨張を加速させる謎のエネルギー。ダークマターは、重力は働くものの、光で観測することのできない正体不明の物質。

👉 問題にチャレンジ

〔問〕宇宙はどの方向を見ても一様と考えられていました。しかし、これは夜が暗いことに矛盾しています。どういうことか、解き明かしてみてください。

〔解〕 一様に星が存在するとするなら、次の図の高さ d の円錐の底面に含まれる星の数は、高さ1の円錐の底面に含まれる星の数の d^2 倍となります。

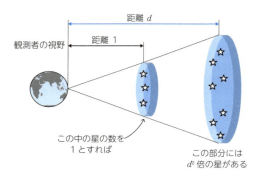

宇宙に星が一様に分布していると仮定すると、距離 d だけ離れた円錐の底面の星の数は、距離1だけ離れた円錐の底面の星の数の d^2 倍となる。

ところで、光は距離の2乗に反比例して減衰します。すなわち、上の図の高さ d の円錐の底面にある星の各々から届く光は $1/d^2$ だけ減衰します。トータルとして距離1だけ離れた円錐の底面の星からの光の $d^2/d^2=1$ 倍となるのです。すると、いろいろな距離 d を持つ円錐の底面から常にその1倍の光を地球は浴びることになり、地球はまぶしくて仕方がないはずです。地球に夜などないはずです。

この矛盾を解消するのがハッブルの法則です。上のモデルでは星が一様で、かつ時間的に一定の場所に位置しているという仮定が入っています。もし、遠い銀河ほど高速に離れていくのなら、上記の高さ d の円錐自体が拡大していき、それらからの光は小さくなることが可能です。地球に夜が訪れることが可能になります。(答)

索　引

アルファベット

BCS理論 …………………… 267
HR図 ………………………… 306
IoT …………………………… 154
pH …………………………244, 246

あ

アインシュタインの公式
　………………………… 298, 300
アインシュタインの光量子仮
　説 ………………………… 261
アインシュタインの相対性原
　理 ………………………… 285
アボガドロ定数 …………… 188
アボガドロの分子説……… 188
アボガドロの法則 ………… 187
アモントン・クーロンの摩擦
　の法則 …………………… 017
アラゴの円盤………………… 157
アルカリ金属………………… 230
アルカリ土類金属 ………… 230
アルキメデスの原理……… 040
アンペールの力 ……… 164, 168
アンペールの法則 ………… 148
イオン化傾向………………… 232
位置エネルギー …………… 090
1気圧 ……………………… 034
一般相対性原理 …………… 303
一般相対性理論……… 302, 303
陰極………………………… 237
渦電流……………………… 176
うなり……………………… 114
運動エネルギー
　……………………… 079, 090, 220
運動の三法則………………… 020
運動の第二法則 …………… 074
運動方程式 ………………… 075
運動量……………………… 080
運動量保存の法則 ………… 081
エーテル…………………… 282
エネルギー準位 …………… 274
エネルギー等分配の法則 199
遠隔作用…………………… 136
エントロピー……………… 224
エントロピーの増大法則 225

か

オイラーの公式 …………… 269
オキソニウムイオン
　………………………244, 249
オームの法則……………… 132
重さ………………………… 068
温度………………………… 174

界…………………………… 138
回折………………………… 117
ガウスの法則…………144, 147
化学平衡の状態 …………… 210
化学平衡の法則 …………… 212
鏡反射……………………… 119
可逆変化…………………… 222
角運動量…………………… 084
角運動量保存の法則……… 085
拡散………………………… 207
核融合反応 ………………… 181
重ね合わせの原理 ………… 142
価数………………………… 239
滑車の原理 ………………… 028
価電子……………………… 231
カーナビ…………………… 305
ガリレイ式望遠鏡 ………… 059
ガリレイの相対性原理
　………………………… 095, 284
ガリレイ変換……………… 092
カロリック ………………… 172
慣性系……………………… 055
慣性の法則 ………………… 052
慣性力……… 055, 096, 302
完全反磁性 ………………… 266
完全流体…………………… 100
気液平衡…………………… 214
希ガス………………… 189, 230
気体定数…………………… 198
気体反応の法則 …………… 186
起電力……………………… 134
逆2乗の法則 ……………… 129
逆反応……………………… 211
キャビテーション ………… 104
吸熱反応…………………… 240
球面波……………………… 116
キュリー温度……………… 258
キュリー定数……………… 259

さ

キュリー点 ………………… 258
キュリーの法則 …………… 259
キュリー・ワイスの法則
　………………………… 259
凝固点降下 ………………… 217
虚像………………………… 118
近接作用の原理 …………… 136
屈折………………………… 120
屈折角……………………… 120
屈折の法則 ………………… 121
屈折率……………………… 121
クーパーペア……………… 267
組み合わせ滑車 …………… 031
グラム当量 ………………… 236
クーロンの法則 …………… 130
ケプラーの第一法則……… 063
ケプラーの第二法則……… 064
ケプラーの第三法則……… 064
原子………………………… 229
原子核……………………… 230
元素………………………… 229
元素の周期律……………… 228
コアンダ効果……………… 105
光子………………………… 139
光速………………………… 295
光速度不変の法則 ………… 283
剛体………………………… 070
光電効果………………260, 261
光量子……………………… 261
コリオリの力………… 051, 096
コリオリの法則…………… 096
転がり摩擦………………… 016

サイクロトロン …………… 170
作用………………………… 020
作用反作用の法則 ………… 020
磁界………………………… 138
磁化率……………………… 258
時間の遅れ ………………… 290
式量………………………… 254
磁気量子数 ………………… 274
四元素説…………………… 179
仕事………………………… 088
仕事関数…………………… 260
仕事の原理 ………………… 037

317

磁性	256
磁束	152
磁束密度	143
質点	024
質量	055
質量欠損	181
質量作用の法則	212
質量増大の法則・公式	294
質量保存の法則	178
磁場	138,140
磁場ベクトル	143
射線	116
斜面の原理	038
シャルルの法則	191,194
周期	049,229
周期光度関係	312
重心	072
周転円	063
周波数	107
自由落下	077
重力	067
重力加速度	068,078
重力定数	067
重力レンズ効果	304
主系列星	309
主量子数	274
ジュール	036
ジュール熱	172
ジュールの法則	172
シュレディンガー方程式	268
蒸気圧	214
蒸気圧曲線	214
蒸気圧降下	215
状態の重ね合わせ	271
状態方程式	198
触媒	253
磁力線	136
蜃気楼	123
浸透圧の法則	206
振動数	107
振幅	049
振幅変調	115
水圧	042
水酸イオン	237
水酸化物イオン	237,244,249
水素イオン	249

水素イオン指数	246
水素イオン濃度	245
水和	209
スネルの法則	121
スピードガン	111
滑り摩擦	016
正弦波	045
静止質量	295
静止摩擦	016
正反応	211
静摩擦	016
赤方偏移	312
絶対温度	193
絶対等級	307
セファイド変光星	311
全反射	123,124
族	230

た

第一種の永久機関	221
対応原理	269
第二種の永久機関	223,224
楕円軌道の法則	063
ダークエネルギー	315
タッキング	023
縦波	106
単極磁荷の否定法則	162
単原子分子	189
弾性	046
ダンパー	047
力の合成	025
力の多角形	027
力のつり合いの法則	024,070
力のモーメント	070
中性子	230
超伝導、超電導	265
超伝導物質	265
調和振動	045
調和の法則	065
直列	135
つり合いの条件	026
定滑車	028
定滑車の原理	028
ティコ・ブラーエ	065
定常解	269
定常状態	269
定比例の法則	182

てこの原理	012
電圧	133
電位	133
電界	138
電解質	237
電気分解	236
電気力線	136,144
電子	230
電磁気	148,154
電磁調理器	176
電磁誘導の法則	152
点電荷	130
電場	138,140
電離	209,244
電離平衡	244
等価原理	303
等加速度運動	078
動滑車	028
動滑車の原理	029
同時性の相対性	286
同族元素	230
動摩擦	016
特殊相対性理論	284,302
ドップラー効果	106
ドップラーレーダー	111
トランス	153
トリチェリの定理	105
ドルトンの原子説	183
ドルトンの分圧の法則	197

な

内部エネルギー	219
波の重ね合わせの原理	112
波の干渉	113
波の基本公式	107
波の独立性	112
入射角	118
ニュートン	036
ニュートンはかり	076
ねじり秤	131
熱	175
熱エネルギー	218
熱化学方程式	241
熱機関	218
熱素	172
熱の仕事当量	173
熱力学の第一法則	220
熱力学の第二法則	223

年周視差 …………………… 311

は

場 …………………… 138,140
倍数比例の法則 ………… 183
パウリの排他原理 ……… 275
パスカル ………………… 035
パスカルの原理 ………… 032
波長 ……………………… 107
発熱反応 ………………… 240
ハッブル定数…………… 313
ハッブルの法則 ………… 312
波動関数 ………………… 268
バネばかり ……………… 045
場の重ね合わせの原理 … 140
場の理論 ………………… 023
ハミルトニアン ………… 268
波面 ……………………… 116
速さ ……………………… 107
ハロゲン ………………… 230
反作用 …………………… 020
反射角…………………… 118
反射の法則 ……………… 118
反射望遠鏡 ……………… 068
半透膜…………………… 206
反応熱…………………… 240
万有引力の法則 ………… 067
非慣性系 ………………… 055
非磁性…………………… 257
左手の法則 ……………… 166
ビッグ・バン…………… 314
ピトー管 ………………… 104
標準状態………………… 189
ファインマンダイアグラム
………………………… 139
ファラデー定数 ………… 239
ファラデーの電気分解の法則
………………………… 236
ファラデーの電磁誘導の法則
………………………… 152
ファントホッフの浸透圧の法
則 ……………………… 208
フェルミ粒子…………… 279
不可逆変化 ……………… 222
不確定性原理…………… 271
フーコーの振り子 ……… 050
フックの法則…………… 044
物質の屈折率…………… 122

沸点上昇 ………………… 217
プトレマイオスの宇宙 … 062
プランク定数…………… 261
振り子時計 ……………… 048
振り子の法則…………… 048
浮力 ……………………… 040
フレミングの法則 ……… 164
フレミングの右手の法則 166
フロギストン説 ………… 180
分圧 ……………………… 205
分子 ……………………… 187
分子量…………………… 208
フントの規則…………… 277
平衡移動の原理 ………… 250
平行四辺形の法則 ……… 025
平衡状態 ………………… 210
平衡定数 ………………… 212
平面波…………………… 116
並列 ……………………… 135
ベクトル ……………024,140
ヘス ……………………… 240
ヘスの法則 ……………… 242
ヘルツシュプルング＝ラッセ
ル図…………………306,308
ベルヌーイの定理 … 100,102
変圧器…………………… 153
変位 …………………106,112
変位電流 ………………… 162
変光星…………………… 311
ヘンリーの法則 ………… 202
ボーアモデル…………… 273
ホイヘンスの原理 ……… 116
ボイル・シャルルの法則 196
ボイルの法則…………190,194
方位量子数 ……………… 274
飽和蒸気圧 ……………… 214
飽和蒸気圧曲線 ………… 214
ボース粒子 ……………… 279
ポグソンの式…………… 307
ボルタの電堆…………… 235
ボルタの電池…………148,235
ボルタ列 ………………… 232
ボルツマンの原理 ……… 226

ま

マイスナー効果 ………… 265
マクスウェルの方程式 … 160
摩擦の法則 ……………… 016

右手の法則 ……………… 149
右ネジの法則…………… 149
水のイオン積…………… 245
水の電気分解…………… 236
面積速度一定の法則……… 064
モノポール ……………… 161
モル ……………………… 188
モル濃度 ………………212,254

や

ヤング率 ………………… 047
油圧ジャッキ…………… 034
油圧装置 ………………… 033
有向線分 ………………… 024
誘導起電力 ……………… 153
誘導電流 ………………… 153
陽極 ……………………… 237
陽子 ……………………… 230
横波 ……………………… 106

ら

ライデン瓶 ……………… 128
ラウールの法則 ………214,216
羅針盤…………………… 129
落下の法則 ……………… 057
乱反射…………………… 119
力学的エネルギー ……… 090
力学的エネルギーの保存法則
………………………… 091
力点、支点、作用点……… 012
理想気体 ………………193,198
理想気体の状態方程式 … 198
流管 ……………………… 100
流線 ……………………… 100
流体 ……………………… 100
量子力学 ………………… 268
輪軸 ……………………… 031
ルシャトリエ・ブラウンの原
理 ……………………… 250
ルシャトリエの平衡移動の原
理 ……………………… 250
ルシャトリエの法則……… 250
レンズの法則…………… 156
ローレンツ収縮 ………… 289
ローレンツ収縮の公式 … 292
ローレンツ変換 ………… 285
ローレンツ力…………… 169

著者略歴

涌井 貞美（わくい・さだみ）

1952年、東京生まれ。東京大学理学系研究科博士課程修了後、富士通、神奈川県立高等学校教員を経て、サイエンスライターとして独立。わかりやすく、ていねいな解説には定評がある。

著書として『まずはこの一冊から 意味がわかる統計解析』（ベレ出版）、『図解・ベイズ統計「超」入門』（SBクリエイティブ）をはじめ、共著に『道具としてのフーリエ解析』（日本実業出版社）、『身のまわりのモノの技術』（中経出版）、『くらしの科学がわかる本』（自由国民社）、『統計学の図鑑』（技術評論社）などがある。

「物理・化学」の法則・原理・公式がまとめてわかる事典

2015年 8月25日	初版発行
2015年 10月21日	第2刷発行

著者	涌井 貞美
カバーデザイン	竹内雄二
DTP	あおく企画
編集協力	編集工房シラクサ

©Sadami Wakui 2015. Printed in Japan

発行者	内田 真介
発行・発売	ベレ出版
	〒162-0832　東京都新宿区岩戸町12 レベッカビル
	TEL.03-5225-4790 FAX.03-5225-4795
	ホームページ　http://www.beret.co.jp/
	振替 00180-7-104058
印刷	三松堂株式会社
製本	根本製本株式会社

落丁本・乱丁本は小社編集部あてにお送りください。送料小社負担にてお取り替えします。
本書の無断複写は著作権法上での例外を除き禁じられています。購入者以外の第三者による本書のいかなる電子複製も一切認められておりません。

ISBN 978-4-86064-446-8 C0042　　　　　　　　　　編集担当　坂東一郎